U0508229

新编全功能实战型教材

软件功能解析+实例操作+专家指点+课后习题巩固

平面设计综合教程

（Photoshop CC+Illustrator CC+CorelDRAW X7）

主　编　刘建中　陈　静　胡文博
副主编　王瑞琴　谭　阳　黄金水　薛小瑞
　　　　吴　娇　王亚辉　周国辉　王　玉

北京希望电子出版社
Beijing Hope Electronic Press
www.bhp.com.cn

内 容 简 介

本书详细介绍了 Photoshop、Illustrator、CorelDRAW 这 3 款平面设计软件的应用方法，以及使用这 3 款软件进行平面设计与处理的方法，使读者能够快速掌握平面设计技能。本书内容共分为 13 章，包括 Photoshop CC 基本操作，填充与调整图像颜色，修复画面与添加文本，运用工具和命令抠图，Illustrator CC 基本操作，图形绘制和操作技巧，图形上色功能，应用精彩多变的效果，CorelDRAW X7 基本操作，绘制与编辑图形对象，制作丰富多样的图形特效，文本的创建、导入与设置，平面广告效果设计综合案例。读者学后可以融会贯通、举一反三，制作出更多专业的平面广告效果文件。

本书既可作为应用型本科院校、职业院校的教材，也可作为 Photoshop、Illustrator、CorelDRAW 的初、中级读者的参考资料，同时也可作为各类计算机培训中心的教学用书。

图书在版编目（CIP）数据

平面设计综合教程 / 刘建中，陈静，胡文博主编
-- 北京 ： 北京希望电子出版社，2020.1（2023.8 重印）

ISBN 978-7-83002-720-9

Ⅰ．①平… Ⅱ．①刘… ②陈… ③胡… Ⅲ．①平面设计－图形软件－高等学校－教材 Ⅳ．①TP391.413

中国版本图书馆 CIP 数据核字（2020）第 013720 号

出版：北京希望电子出版社　　　　　　封面：赵俊红
地址：北京市海淀区中关村大街 22 号　　编辑：周卓琳
　　　中科大厦 A 座 10 层　　　　　　　校对：李　萌
邮编：100190　　　　　　　　　　　　开本：787mm×1092mm 1/16
网址：www.bhp.com.cn　　　　　　　　印张：19.5
电话：010-82626270　　　　　　　　　字数：499 千字
传真：010-62543892　　　　　　　　　印刷：唐山唐文印刷有限公司
经销：各地新华书店　　　　　　　　　版次：2023 年 8 月 1 版 2 次印刷

定价：59.80 元

前　言

Adobe 公司推出的 3 款功能强大的平面设计软件有 Photoshop、Illustrator 和 CorelDRAW，它们集图形图像设计、文字设计和高品质输出等功能于一体，现已广泛应用于平面设计、广告设计、企业标识设计、卡片设计、宣传单设计以及包装设计等领域。这 3 款软件是目前世界上比较专业的平面设计软件，深受广大平面设计者的青睐。

为了帮助广大读者快速掌握平面设计技术，我们特别组织专家和一线骨干老师编写了《平面设计综合教程》一书。本书主要具有以下特点。

（1）全面介绍 Photoshop、Illustrator、CorelDRAW 软件的基本功能及实际应用，以各种重要技术为主线，对每种技术中的重点内容进行详细介绍。

（2）全书运用实例的写作手法，使读者在学习本书之后能够快速掌握软件操作技能，真正成为平面设计的行家里手。

（3）以实用为教学出发点，以培养读者实际应用能力为目标，通过手把手地讲解平面图形设计过程中的要点与难点，使读者全面掌握平面设计知识。

本书合理安排知识点，运用简练、流畅的语言，结合丰富、实用的实例，由浅入深地对平面设计进行了全面、系统的讲解，让读者在最短的时间内掌握最有用的知识，迅速成为 Photoshop、Illustrator 和 CorelDRAW 平面设计高手。

本书内容安排如下所述。

第 1 章　Photoshop CC 基本操作。通过对本章的学习，读者可以掌握图像文件的基础操作、调整图像尺寸和分辨率、图像辅助工具的基础应用、创建并管理图层的方法。

第 2 章　填充与调整图像颜色。通过对本章的学习，读者可以掌握选取与填充颜色、图像色彩的基本调整、色彩和色调的特殊调整的方法。

第 3 章　修复画面与添加文本。通过对本章的学习，读者可以掌握修复图像工具组、清除图像工具组、调色图像工具组、修饰图像工具组、文字设计工具组的使用方法。

第 4 章　运用工具和命令抠图。通过对本章的学习，读者可掌握运用魔棒工具与命令抠图、运用选框与路径工具抠图、运用高级工具抠图的方法。

第 5 章　Illustrator CC 基本操作。通过对本章的学习，读者可以掌握 Illustrator CC 软件操作、图形文件的基本操作、使用图形的多种显示方式、运用辅助工具管理图形文件的方法。

第 6 章　图形绘制与操作技巧。通过对本章的学习，读者可以掌握绘制基本的图形对象、图形对象的基本操作、绘图工具的操作技巧、变形与扭曲图形对象的方法。

第 7 章　图形上色功能。通过对本章的学习，读者可以掌握图形的填色与描边、实时上色图形对象、应用渐变填充上色的方法。

第 8 章　应用精彩多变的效果。通过对本章的学习，读者可以掌握创建与排序图层对象、应用蒙版功能与画笔符号、制作常见的图形特效、使用图形样式库、创建文本对象的方法。

第 9 章　CorelDRAW X7 基本操作。通过对本章的学习，读者可以掌握安装、启动与退出 CorelDRAW X7、文件的基本操作、使用辅助绘图工具、设置与显示文档版面的方法。

第 10 章　绘制和编辑图形对象。通过对本章的学习，读者可以掌握运用图形工具绘制图形、图形对象的编辑、图形对象的修整、选取与填充图形颜色的方法。

第 11 章　制作丰富多样的图形特效。通过对本章的学习，读者可以掌握制作特殊的图形效果、图形的立体效果、位图的滤镜效果的方法。

第 12 章　文本的创建、导入与设置。通过对本章的学习，读者可以掌握创建文本内容、设置与排版文本内容的方法。

第 13 章　平面广告效果设计综合案例。通过对本章的学习，读者可以掌握摄影书籍详情页设计、皇家酒店 DM 广告设计、雅志汽车广告设计的方法。

本书由北京市通州区青少年活动中心的刘建中、广西工业职业技术学院的陈静和海南热带海洋学院的胡文博担任主编，由山西传媒学院的王瑞琴、湖南网络工程职业学院的谭阳、张家界航空工业职业技术学院的黄金水、许昌电气职业学院的薛小瑞、重庆市科能高级技工学校的吴娇、晋中职业技术学院的王亚辉、广西工业职业技术学院的周国辉、山东省潍坊市临朐县技工学校的王玉担任副主编。本书的相关资料和售后服务可扫本书封底的微信二维码或登录 www.bjzzwh.com 下载获得。

由于编者水平有限，书中难免有疏漏或不妥之处，恳请广大师生和读者批评指正。

编 者

目　录

第1章 Photoshop CC 基本操作

【本章导读】

Photoshop CC 是 Adobe 公司推出的 Photoshop 的最新版本，它是目前世界上最优秀的平面设计软件之一，被广泛用于广告设计、图像处理、图形制作、影像编辑和建筑效果图设计等，它简洁的工作界面及强大的功能深受广大用户的青睐。本章主要介绍软件的基础操作，希望读者熟练掌握本章内容，为后面的学习奠定良好的基础。

【本章重点】

➢ 图像文件的基础操作
➢ 调整图像尺寸和分辨率
➢ 图像辅助工具的基础应用

1.1 图像文件的基础操作

Photoshop CC 作为一款图像处理软件，绘图和图像处理是它的看家本领。在使用 Photoshop CC 创作之前，需要先了解此软件的一些常用操作，如新建文件、打开文件、保存文件和关闭文件等。熟练掌握各种操作，才可以更好、更快地设计作品。

1.1.1 新建图像文件

在 Photoshop 面板中，用户若想要绘制或编辑图像，首先需要新建一个空白文件，然后才可以继续进行下面的工作。下面介绍新建图像文件的操作方法。

Step 01 在菜单栏中单击"文件"|"新建"命令，如图 1-1 所示。
Step 02 在弹出的"新建"对话框中，设置预设为"默认 Photoshop 大小"，如图 1-2 所示。

图 1-1 单击"新建"命令

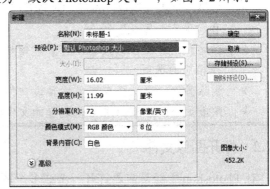

图 1-2 设置参数

Step 03 单击 "确定" 按钮, 即可新建一个空白的图像文件, 如图 1-3 所示。

图 1-3　新建空白图像文件

> ▶ **专家指点**
> "新建" 对话框中各选项的基本含义如下所述。
> ➤ 名称: 设置文件的名称, 也可以使用默认的文件名。创建文件后, 文件名会自动显示在文档窗口的标题栏中。
> ➤ 预设: 可以选择不同的文档类别, 如 Web、A3、A4 打印纸、胶片和视频常用的尺寸预设。
> ➤ 宽度/高度: 用来设置文档的宽度和高度, 在各自右侧的下拉列表框中选择单位, 如像素、英寸、毫米、厘米等。
> ➤ 分辨率: 设置文件的分辨率。在右侧的列表框中可以选择分辨率的单位, 如 "像素/英寸" "像素/厘米"。
> ➤ 颜色模式: 用来设置文件的颜色模式, 如 "位图" 模式、"灰度" 模式、"RGB 颜色" 模式、"CMYK 颜色" 模式等。
> ➤ 背景内容: 设置文件背景内容, 如 "白色" "背景色" "透明"。
> ➤ 高级: 单击 "高级" 按钮, 可以显示出对话框中隐藏的内容, 如 "颜色配置文件" 和 "像素长宽比" 等。
> ➤ 存储预设: 单击此按钮, 打开 "新建文档预设" 对话框, 可以输入预设名称并选择相应的选项。
> ➤ 删除预设: 当选择自定义的预设文件以后, 单击此按钮, 可以将其删除。
> ➤ 图像大小: 读取使用当前设置的文件大小。

1.1.2　打开图像文件

在 Photoshop 中经常需要打开一个或多个图像文件进行编辑和修改, 它可以打开多种文件格式, 也可以同时打开多个文件。下面介绍打开图像文件的操作方法。

Step 01 单击"文件"│"打开"命令，在弹出的"打开"对话框中，选择需要打开的图像文件（素材\第 1 章\日历封面.jpg），如图 1-4 所示。

Step 02 单击"打开"按钮，即可打开选择的图像文件，如图 1-5 所示。

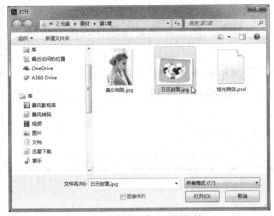
图 1-4　选择要打开的文件

图 1-5　打开的图像文件

▶ 专家指点

　　如果要打开一组连续的文件，可以在选择第一个文件后，按住【Shift】键的同时再选择最后一个要打开的文件；如果要打开一组不连续的文件，可以在选择第一个图像文件后，按住【Ctrl】键的同时，选择其他的图像文件，然后再单击"打开"按钮。

1.1.3　保存图像文件

　　如果需要将处理好的图像文件保存，只要单击"文件"│"存储为"命令，在弹出的"存储为"对话框中将文件保存即可。下面介绍保存图像文件的操作方法。

Step 01 打开素材图像（素材\第 1 章\美女侧脸.jpg），如图 1-6 所示。

Step 02 单击"文件"│"存储为"命令，弹出"另存为"对话框，设置文件名称与保存路径，然后单击"保存"按钮即可，如图 1-7 所示。

图 1-6　打开素材图像

图 1-7　"另存为"对话框

> ▶ 专家指点
>
> "另存为"对话框中各个文本框的介绍如下所述。
>
> ➢ 保存在：用户保存图层文件的位置。
> ➢ 文件名/格式：用户可以输入文件名，并根据不同的需要选择文件的保存格式。
> ➢ 作为副本：选中该复选框，可以另存一个副本，并且与源文件保存的位置一致。
> ➢ 注释：用户自由选择是否存储注释。
> ➢ Alpha 通道/图层/专色：用来选择是否存储 Alpha 通道、图层和专色。
> ➢ 使用校样设置：当文件的保存格式为 EPHOTOSHOP 或 PDF 时，才可选中该复选框，用于保存打印用的校样设置。
> ➢ ICC 配置文件：用于保存嵌入文档中的 ICC 配置文件。
> ➢ 缩览图：创建图像缩览图，以后在"打开"对话框中的底部就会显示预览图。

1.1.4 关闭图像文件

运用 Photoshop 软件的过程中，当新建或打开许多文件时，就需要选择要关闭的图像文件，然后再进行下一步的工作。下面介绍关闭图像文件的操作方法。

Step 01 单击"文件"|"关闭"命令，如图 1-8 所示。

Step 02 执行操作后，即可关闭当前工作的图像文件，如图 1-9 所示。

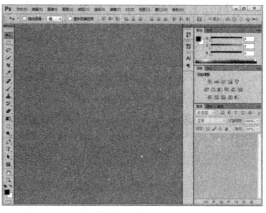

图 1-8 单击"关闭"命令 　　　　　　图 1-9 关闭图像文件

> ▶ 专家指点
>
> 除了运用上述方法关闭图像文件外，还有以下 4 种常用的方法。
>
> ➢ 快捷键 1：按【Ctrl + W】组合键，关闭当前文件。
> ➢ 快捷键 2：按【Alt + Ctrl + W】组合键，关闭所有文件。
> ➢ 快捷键 3：按【Ctrl + Q】组合键，关闭当前文件并退出 Photoshop。
> ➢ 按钮：单击图像文件标题栏上的"关闭"按钮 **❌** 。

1.1.5 置入图像文件

在 Photoshop 中置入图像文件，是指将所选择的文件置入到当前编辑窗口中，然后在

Photoshop 中进行编辑。Photoshop CC 所支持的格式都能通过"置入"命令将指定的图像文件置于当前编辑的文件中。下面介绍置入图像文件的操作方法。

Step 01 打开素材图像（素材\第 1 章\手提包.jpg），如图 1-10 所示。

Step 02 在菜单栏中，单击"文件"|"置入"命令，如图 1-11 所示。

图 1-10　打开素材图像

图 1-11　单击"置入"命令

> ▶ **专家指点**
>
> 在 Photoshop 中可以对视频帧、注释和 WIA 等内容进行编辑，当新建或打开图像文件后，单击"文件"|"导入"命令，可将内容导入到图像中。导入的文件若是因为一些特殊格式无法直接打开，Photoshop 软件无法识别，则导入的过程中，软件会自动把它转换为可识别的格式，打开直接识别的文件格式后，Photoshop 直接保存会默认为 psd 格式文件。若选择"另存为"或"导出"就可以根据需求存储为特殊格式。

Step 03 弹出"置入"对话框，选择置入文件（素材\第 1 章\特价包邮.jpg），如图 1-12 所示。

Step 04 单击"置入"按钮，即可置入图像文件，如图 1-13 所示。

图 1-12　选择置入文件

图 1-13　置入图像文件

▶ 专家指点

运用"置入"命令，可以在图像中放置 EPS、AI、PDP 和 PDF 格式的图像文件，该命令主要用于将一个矢量图像文件转换为位图图像文件。放置一个图像文件后，系统将创建一个新的图层。需要注意的是，CMYK 模式的图片文件只能置入与其模式相同的图片。

Step 05 将鼠标指针移动至置入文件控制点上，按住【Shift】键的同时单击鼠标左键，等比例缩放图像，如图 1-14 所示。

Step 06 执行上述操作后，将鼠标指针移动至置入文件上，单击鼠标左键并拖动鼠标，将置入文件移动至合适位置，按【Enter】键确认，最终效果如图 1-15 所示。

图 1-14　等比例缩放图像　　　　　图 1-15　最终效果

1.1.6　导出图像文件

在 Photoshop 中创建或编辑的图像可以导出到 Zoomify、Illustrator 和视频设备中，以满足用户的不同需求。如果在 Photoshop 中创建了路径，需要进一步处理，可以将路径导出为 AI 格式，在 Illustrator 中可以继续对路径进行编辑。下面介绍导出图像文件的操作方法。

Step 01 打开素材图像（素材\第 1 章\烛光特效.psd），如图 1-16 所示。

Step 02 单击"窗口"|"路径"命令，如图 1-17 所示。

图 1-16　打开素材图像　　　　　图 1-17　单击"路径"命令

Step **03** 展开"路径"面板，选择"工作路径"选项，如图 1-18 所示。

Step **04** 执行上述操作后，得到最终效果如图 1-19 所示。

图 1-18　选择"工作路径"选项

图 1-19　最终效果

Step **05** 单击"文件"｜"导出"｜"路径到 Illustrator"命令，如图 1-20 所示。

Step **06** 弹出"导出路径到文件"对话框，如图 1-21 所示，单击"确定"按钮。

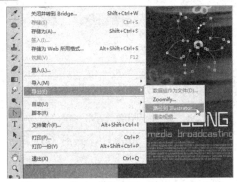

图 1-20　单击"路径到 Illustrator"命令

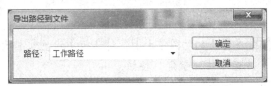

图 1-21　"导出路径到文件"对话框

Step **07** 弹出"选择存储路径的文件名"对话框，如图 1-22 所示，设置文件名称和存储格式，单击"保存"按钮，即可完成导出文件的操作。

图 1-22　"选择存储路径的文件名"对话框

1.2　调整图像尺寸和分辨率

图像大小与图像像素、分辨率、实际打印尺寸之间有着密切的关系，它决定存储文件所需的硬盘空间大小和图像文件的清晰度。因此，调整图像的尺寸及分辨率也决定着整幅画面的大小。本节主要介绍调整图像尺寸和分辨率的操作方法。

1.2.1　调整图像尺寸

在 Photoshop 中，图像尺寸越大，所占的空间也越大。更改图像的尺寸，会直接影响图像的显示效果。下面介绍调整图像尺寸的操作方法。

Step 01　打开素材图像（素材\第 1 章\咖啡杯.jpg），如图 1-23 所示。

Step 02　单击"图像"|"图像大小"命令，如图 1-24 所示。

图 1-23　打开素材图像

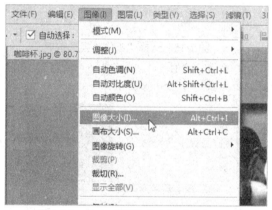

图 1-24　单击"图像大小"命令

Step 03　在弹出的"图像大小"对话框中设置文档大小的"宽度"为 50 厘米，如图 1-25 所示，然后单击"确定"按钮。

Step 04　执行上述操作后，即可完成调整图像大小的操作，效果如图 1-26 所示。

图 1-25　设置文档大小

图 1-26　调整图像大小

> ▶ 专家指点
>
> "图像大小"对话框中的主要选项含义如下所述。
>
> ➢ 像素大小：通过改变该选项区中的"宽度"和"高度"数值，可以调整图像在屏幕上的显示大小，图像的尺寸也相应发生变化。
>
> ➢ 文档大小：通过改变该选项区中的"宽度""高度"和"分辨率"数值，可以调整图像的文件大小，图像的尺寸也相应发生变化。

1.2.2　调整图像分辨率

在 Photoshop 中，图像的品质取决于分辨率的大小。当分辨率数值越大时，图像就越清晰；反之，就越模糊。下面介绍调整图像分辨率的操作方法。

Step 01 打开素材图像（素材\第 1 章\小狗.jpg），如图 1-27 所示。

Step 02 单击"图像"|"图像大小"命令，弹出"图像大小"对话框，如图 1-28 所示，在"文档大小"选项区域中，设置"分辨率"为 5 像素/英寸。

图 1-27　打开素材图像

图 1-28　单击"图像大小"对话框

Step 03 单击"确定"按钮，即可调整图像分辨率，效果如图 1-29 所示。

图 1-29　调整图像分辨率

> ▶ 专家指点
>
> 　　分辨率是用于描述图像文件信息量的术语，是指单位区域内包含的像素数量，通常用"像素/英寸"和"像素/厘米"表示。

1.2.3　裁剪图像文件

　　在 Photoshop 中，裁剪工具可以对图像进行裁剪，重新定义画布的大小。下面详细介绍运用裁剪工具裁剪图像的操作方法。

Step 01　打开素材图像（素材\第 1 章\花朵.jpg），如图 1-30 所示。

Step 02　选取工具箱中的"裁剪工具" 🔲，如图 1-31 所示。

图 1-30　打开素材图像　　　　　　　　图 1-31　选取"裁剪工具"

Step 03　选取裁剪工具后，在图像边缘会显示一个变换控制框，如图 1-32 所示。

Step 04　当鼠标呈 🔲 时拖曳，可控制裁剪区域的大小，如图 1-33 所示。

图 1-32　显示变换虚框　　　　　　　　图 1-33　裁剪图像

> ▶ 专家指点
>
> 　　在变换控制框中，可以对裁剪区域进行适当调整。将鼠标指针移动至控制框四周的 8 个控制点上，当指针呈双向箭头 ↔ 形状时，单击鼠标左键的同时并拖曳，即可放大或缩小裁剪区域；将鼠标指针移动至控制框外，当指针呈 ↰ 形状时，可对其裁剪区域进行旋转。

Step 05　将鼠标移至变换框内，单击鼠标左键的同时并拖曳，调整控制框的大小和位置，开始裁剪图像如图 1-34 所示。

Step 06 按【Enter】键确认，即可完成图像的裁剪，如图 1-35 所示。

图 1-34　开始裁剪图像　　　　　　　　　图 1-35　完成裁剪图像

1.2.4　水平翻转图像

在 Photoshop 中，当用户打开的图像出现了水平方向的颠倒、倾斜时，就可以对图像进行水平翻转操作。下面介绍水平翻转图像的操作方法。

Step 01 打开素材图像（素材\第 1 章\列车.psd），如图 1-36 所示。

Step 02 单击"编辑"|"变换"|"水平翻转"命令，即可水平翻转图像，如图 1-37 所示。

图 1-36　打开素材图像　　　　　　　　　图 1-37　"水平翻转"图像

▶ **专家指点**

"水平翻转画布"命令和"水平翻转"命令的区别如下所述。

➤ 水平翻转画布：可以将整个画布，即画布中的全部图层，水平翻转。

➤ 水平翻转：可以将画布中的某个图像，即选中画布中的某个图层，水平翻转。

1.2.5　扭曲图像文件

在 Photoshop 中，用户可以根据需要对某一些图像进行扭曲操作，以达到所需要的效果。

Step 01 打开素材图像（素材\第 1 章\橘色画面.psd），如图 1-38 所示。

Step 02 单击"编辑"|"变换"|"扭曲"命令，如图 1-39 所示。

图 1-38　打开素材图像

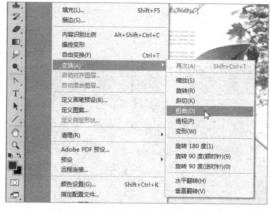

图 1-39　单击"扭曲"命令

Step 03　调出变换控制框，将鼠标移至变换控制框的控制柄上，鼠标指针呈白色三角 形状时，单击鼠标左键的同时拖曳图像至合适位置后释放鼠标左键，如图 1-40 所示。

Step 04　执行上述操作后，按【Enter】键确认，即可扭曲图像，并调至合适位置，得到最终效果，如图 1-41 所示。

图 1-40　拖曳鼠标

图 1-41　扭曲图像

1.3　图像辅助工具的基础应用

在 Photoshop 中，标尺、网格和参考线都属于辅助工具，辅助工具虽不能用来编辑图像，但可以帮助用户更好地完成图像的选择、定位和编辑等。本节主要介绍图像辅助工具的应用。

1.3.1　显示或隐藏标尺

在 Photoshop 中，标尺可以帮助用户确定图像或元素的位置，用户可根据需要对标尺进行显示或隐藏操作。下面介绍显示或隐藏标尺的操作方法。

Step 01　打开素材图像（素材\第 1 章\蝶恋花.jpg），如图 1-42 所示。

Step 02　在菜单栏中单击"视图"｜"标尺"命令，如图 1-43 所示。

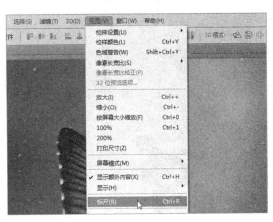

图 1-42　打开素材图像　　　　　　　　图 1-43　单击"标尺"命令

> ▶ 专家指点
>
> 除了运用上述方法可以隐藏标尺外，用户还可以按【Ctrl + R】组合键，在图像编辑窗口中隐藏或显示标尺。

Step 03　执行上述操作后，即可显示标尺，如图 1-44 所示。

Step 04　再次单击"视图"｜"标尺"命令，即可隐藏标尺，如图 1-45 所示。

图 1-44　显示标尺　　　　　　　　　　图 1-45　隐藏标尺

1.3.2　显示或隐藏网格

在 Photoshop 中，网格是由一连串的水平和垂直点组成，常用来协助绘制图像时对齐窗口中的任意对象。用户可以根据需要，显示网格或隐藏网格，在绘制图像时可使用网格来辅助操作。下面介绍显示或隐藏网格的操作方法。

Step 01　打开素材图像（素材\第 1 章\点心.jpg），如图 1-46 所示。

Step 02　在菜单栏中单击"视图"｜"显示"｜"网格"命令，如图 1-47 所示。

> ▶ 专家指点
>
> 除了使用命令外，按【Ctrl + '】组合键也可以显示网格，再次按【Ctrl + '】组合键，则可以隐藏网格。

图 1-46　打开素材图像

图 1-47　单击"网格"命令

Step 03　执行上述操作后，即可显示网格，如图 1-48 所示。

Step 04　在菜单栏中，单击"视图"|"显示"|"网格"命令，即可隐藏网格，如图 1-49 所示。

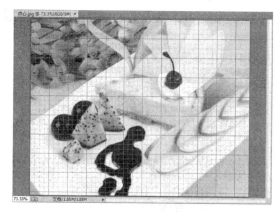

图 1-48　显示网格

图 1-49　隐藏网格

1.3.3　运用参考线

参考线主要用于协助对象的对齐和定位操作，它是浮在整个图像上而不能被打印的直线。参考线与网格一样，也可以用于对齐对象，但是它比网格更方便，用户可以将参考线创建在图像的任意位置上。下面介绍运用参考线的操作方法。

Step 01　打开素材图像（素材\第 1 章\水果.jpg），此时图像编辑窗口中显示了图像，如图 1-50 所示。

Step 02　在菜单栏中单击"视图"|"标尺"命令，即可显示标尺，如图 1-51 所示。

Step 03　移动鼠标至水平标尺上单击鼠标左键的同时，向下拖曳鼠标至图像编辑窗口中的合适位置，释放鼠标左键，即可创建水平参考线，如图 1-52 所示。

Step 04　移动鼠标至垂直标尺上单击鼠标左键的同时，向右侧拖曳鼠标至图像编辑窗口中的合适位置，释放鼠标左键，即可创建垂直参考线，如图 1-53 所示。

图 1-50　打开素材图像

图 1-51　显示标尺

图 1-52　创建水平参考线

图 1-53　创建垂直参考线

▶ 专家指点

　　拖曳参考线时，按住【Alt】键就能在垂直和水平参考线之间进行切换。通过单击"编辑" | "首选项" | "参考线、网格和切片"命令，弹出"首选项"对话框，在"参考线"选项区中，可以随意更改参考线的颜色属性。

1.4　创建并管理图层

　　在 Photoshop 中，用户可根据需要创建不同的图层。本节主要向读者详细地介绍创建普通图层、显示与隐藏图层、合并图层对象、锁定图层对象以及对齐与分布图层的操作方法。

1.4.1　创建普通图层

　　普通图层是 Photoshop 最基本的图层，用户在创建和编辑图像时，新建的图层都是普通图层。下面介绍创建普通图层的操作方法。

平面设计综合教程

Step 01 打开素材图像（素材\第 1 章\汽车.jpg），如图 1-54 所示。

Step 02 单击"图层"面板中的"创建新图层"按钮 ，新建图层，如图 1-55 所示。

图 1-54 打开素材图像

图 1-55 新建图层

▶ 专家指点

新建图层的方法有 6 种，分别如下所述。

➢ 命令：单击"图层"|"新建"|"图层"命令，弹出"新建图层"对话框，单击"确定"按钮，即可创建新图层。

➢ 面板菜单：单击"图层"面板右上角的三角形按钮，在弹出的面板菜单中选择"新建图层"选项。

➢ 快捷键 + 按钮 1：按住【Alt】键的同时，单击"图层"面板底部的"创建新图层"按钮。

➢ 快捷键 + 按钮 2：按住【Ctrl】键的同时，单击"图层"面板底部的"创建新图层"按钮，可在当前图层中的下方新建一个图层。

➢ 快捷键 1：按【Shift + Ctrl + N】组合键。

➢ 快捷键 2：按【Alt + Shift + Ctrl + N】组合键，可以在当前图层对象的上方添加一个图层。

1.4.2 显示与隐藏图层

在 Photoshop 中，用户可以对某一个图层编辑显示与隐藏。

Step 01 打开素材图像（素材\第 1 章\课本.psd），此时图像编辑窗口中显示了图像，如图 1-56 所示。

Step 02 菜单栏中单击"窗口"|"图层"命令，展开"图层"面板，如图 1-57 所示。

Step 03 单击"图层 1"图层前面的"指示图层可见性"图标，该眼睛图标即会被隐藏，如图 1-58 所示。

Step 04 执行上述操作后，即可隐藏"图层 1"的图层，效果如图 1-59 所示。

图 1-56　打开素材图像

图 1-57　展开"图层"面板

图 1-58　单击"指示图层可见性"图标

图 1-59　隐藏图层后的显示效果

Step 05　再次单击"图层 1"图层前面的"指示图层可见性"图标，即可显示该图标，如图 1-60 所示。

Step 06　执行上述操作后，即可显示隐藏图层中的图像，效果如图 1-61 所示。

图 1-60　显示"指示图层可见性"图标

图 1-61　显示隐藏图层效果

1.4.3 合并图层对象

在编辑图像文件时，经常会创建多个图层，占用的磁盘空间也随之增加。因此对于没必要分开的图层，可以将它们合并，这样有助于减少图像文件对磁盘空间的占用，同时也可以提高系统的处理速度。下面介绍合并图层对象的操作方法。

Step 01 打开素材图像（素材\第1章\广告.psd），如图1-62所示。

Step 02 在"图层"面板中，选择"图层2"的图层，如图1-63所示。

图1-62 打开素材图像

图1-63 选择图层对象

Step 03 单击"图层"|"合并可见图层"命令，如图1-64所示。

Step 04 执行操作后，即可合并图层对象，如图1-65所示。

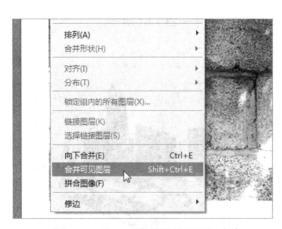

图1-64 单击"合并可见图层"命令

图1-65 合并图层对象

1.4.4　设置图层不透明度

不透明度用于控制图层中所有对象（包括图层样式和混合模式）的透明属性。通过设置图层的不透明度，能够使图像主次分明，主体突出。下面介绍设置图层不透明度的方法。

Step 01 打开素材图像（素材\第 1 章\天空.psd），展开"图层"面板，如图 1-66 所示。

Step 02 选择"图层 1"图层，在面板的右上方设置"不透明度"为 100%，即可调整图层的不透明度，效果如图 1-67 所示。

图 1-66　打开素材图像　　　　　　　　　图 1-67　调整图层不透明度效果

1.4.5　对齐与分布图层

对齐图层是将图像文件中包含的图层按照指定的方式（沿水平或垂直方向）对齐；分布图层是将图像文件中的几个图层中的内容按照指定的方式（沿水平或垂直方向）平均分布，将当前选择的多个图层或链接图层进行等距排列。下面介绍对齐与分布图层的操作方法。

Step 01 打开素材图像（素材\第 1 章\卡通.psd），如图 1-68 所示。

Step 02 展开"图层"面板，选择需要进行对齐操作的图层，如图 1-69 所示。

图 1-68　打开素材图像　　　　　　　　　图 1-69　选择图层

Step 03 在菜单栏中单击"图层"|"对齐"|"顶边"命令，如图 1-70 所示。

Step 04 执行操作后，即可顶边对齐图层，效果如图 1-71 所示。

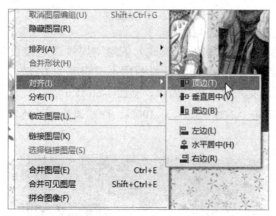

图 1-70 单击"顶边"命令

图 1-71 顶边对齐

Step 05 单击"图层"|"分布"|"水平居中"命令，如图 1-72 所示。

Step 06 执行上述操作后，即可水平居中分布图层，效果如图 1-73 所示。

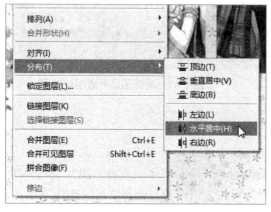

图 1-72 单击"水平居中"命令

图 1-73 水平居中分布

1.4.6 栅格化图层对象

如果要使用绘图工具和滤镜编辑文字图层、形状图层、矢量蒙版或智能对象等包含矢量数据的图层，需要先将其栅格化，使图层中的内容转换为栅格图像，然后才能够进行相应的编辑。下面介绍栅格化图层对象的操作方法。

Step 01 打开素材图像（素材\第 1 章\忆牡丹.psd），此时图像编辑窗口中显示了图像，如图 1-74 所示。

Step 02 选择文本图层，单击"图层"|"栅格化"命令，在弹出的子菜单中，单击相应的命令，即可栅格化图层中的内容，如图 1-75 所示。

▶ **专家指点**

除了运用上述方法可以栅格化图层外，用户还可以在选择的图层对象上，单击鼠标右键，在弹出的快捷菜单中，选择"栅格化图层"选项即可。

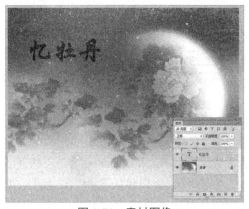
图 1-74　素材图像

图 1-75　栅格化文字图层效果

本章小结

　　本章主要学习了 Photoshop CC 的基础内容。首先介绍了图像文件的基础操作，主要包括新建、打开、保存、关闭、置入以及导出图像文件；然后介绍了调整图像尺寸和分辨率的方法，如调整图像尺寸、调整图像分辨率、裁剪图像文件、水平翻转图像以及扭曲图像文件等；接下来介绍了图像辅助工具的应用技巧；最后介绍了创建并管理图层的方法，如创建普通图层、显示与隐藏图层、合并图层对象、设置图层不透明度以及对齐与分布图层等内容。

　　通过本章的学习，可以让读者在编辑图像的过程中，更加灵活地使用 Photoshop CC 软件以及工作界面中的各项基础功能，提高用户设计图像的操作效率。

课后习题

　　鉴于本章知识的重要性，为了帮助读者更好地掌握所学知识，本节将通过上机习题，帮助读者进行简单的知识回顾和补充。

　　本习题需要掌握使用"外发光"图层样式为所选图层中的图像边缘增添发光效果的方法，素材（素材\第 1 章\课后习题.psd）与效果（效果\第 1 章\课后习题.psd）如图 1-76 所示。

图 1-76　素材与效果

第 2 章　填充与调整图像颜色

【本章导读】

使用填充工具可以快速、便捷地对选中的图像区域进行填充，Photoshop CC 还拥有多种强大的颜色调整功能，使用"曲线""色阶"等命令可以轻松调整图像的色相、饱和度、对比度和亮度，修正有色彩平衡、曝光不足或过度等缺陷的图像。本章主要介绍填充与调整图像颜色的各种操作方法。

【本章重点】

- ➢ 选取与填充颜色
- ➢ 图像色彩的基本调整
- ➢ 色彩和色调的特殊调整

2.1　选取与填充颜色

当使用画笔、渐变以及文字等工具进行填充、描边以及修饰图像等操作时，可以先指定颜色。Photoshop 提供了非常出色的颜色选择与填充工具，可以帮助用户找到需要编辑的任何色彩。本节主要介绍选取与填充颜色的操作方法。

2.1.1　运用前景色与背景色选取颜色

Photoshop 工具箱底部有一组前景色和背景色设置图标，在 Photoshop 中，所有被用到的图像中的颜色都会在前景色或背景色中表现出来。可以使用前景色来绘画、填充和描边，使用背景色来生产渐变填充和在空白区域中填充。此外，在应用一些具有特殊效果的滤镜时，也会用到前景色和背景色。

运行 Photoshop 时，前景色和背景色色块在界面左侧的工具栏底部，如图 2-1 所示。单击"切换前景色和背景色"按钮，即可将前景色和背景色互换，如图 2-2 所示。

在工具箱中相关设置颜色的工具介绍如下所述。

- ➢ 设置前景色▉：该色块中显示的是当前所使用的前景色。单击该色块，弹出"拾色器（前景色）"对话框，对前景色进行设置即可。
- ➢ 默认前景色和背景色▉：单击该按钮，即可将当前前景色和背景色调整到默认状态的前景色和背景色效果。
- ➢ 切换前景色和背景色↰：单击该按钮，可以将前景色和背景色互换。
- ➢ 设置背景色▉：该色块中显示的当前所使用的背景颜色。单击该色块，弹出"拾色器（背景色）"对话框，在其中对背景色进行设置即可。

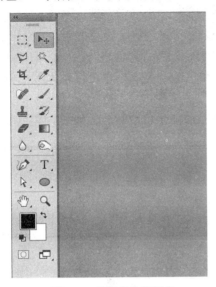

图 2-1　前景色和背景色

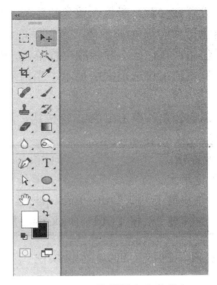

图 2-2　互换前景色和背景色

▶ 专家指点

可以直接在键盘上按【D】键快速将前景色和背景色调整到默认状态；按【X】键，可以快速切换前景色和背景色的颜色。

2.1.2　运用"颜色"面板选取颜色

在 Photoshop 中，可以调出颜色面板，在面板中选取颜色。单击菜单栏中的"窗口"|"颜色"命令，如图 2-3 所示，即可调出"颜色"面板，如图 2-4 所示。

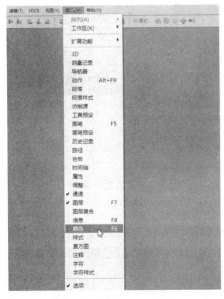

图 2-3　单击"颜色"命令

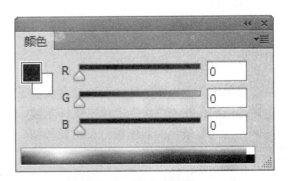

图 2-4　"颜色"面板

在"颜色"面板中，各主要选项含义如下所述。

➤ 设置前（背）景色：该色块中显示的是当前所使用的前（背）景色。单击该色块，弹出"拾色器（前景色/背景色）"对话框，对前景色/背景色进行设置即可。

➤ 色条：在色条上的相应位置单击，即可对前景色/背景色进行设置。

➤ 颜色值：该选项区中显示了当前所设置颜色的颜色值，也可以输入颜色值来精确定义颜色。

➤ 黑白按钮：单击黑色/白色按钮，即可将当前前景色或背景色设置为黑色/白色。

▶ **专家指点**

除了运用上述方法填充颜色外，还有以下两种常用的方法。

➤ 快捷键 1：按【Alt + Backspace】组合键填充前景色。

➤ 快捷键 2：按【Ctrl + Backspace】组合键填充背景色。

2.1.3 运用"色板"面板选取颜色

在 Photoshop 中，除了以上所述的方法外，还可以在调出的色板中选取。单击菜单栏中的"窗口"|"色板"命令，如图 2-5 所示，执行上述操作后即可，调出"色板"面板，如图 2-6 所示。

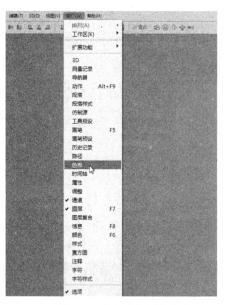

图 2-5 单击"色板"命令

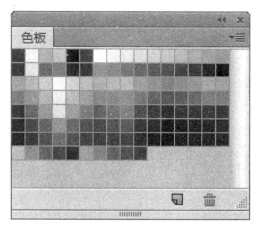

图 2-6 "色板"面板

在"色板"面板中，各主要选项含义如下所述。

➤ 色块：在"色块"上单击鼠标左键，即可设置前景色为选中色块的颜色。

➤ 创建前景色的新色板：单击此按钮，即可将当前前景色同样颜色的色块添加至"色板"中。

➤ 菜单下拉按钮：单击此按钮，即可弹出快捷菜单栏，用户可以根据需要进行选择。

➤ 删除：选中相应"色块"，单击并拖动鼠标至删除按钮上，松开鼠标即可删除色块。

2.1.4 运用"油漆桶工具"填充颜色

"油漆桶工具" 可以快速、便捷地为图像填充颜色，填充的颜色以前景色为准。下面介绍运用油漆桶工具填充颜色的操作方法。

Step 01 打开素材图像（素材\第 2 章\卡通画.jpg），如图 2-7 所示。

Step 02 选取"魔棒工具"，在图像编辑窗口中创建一个选区，如图 2-8 所示。

图 2-7 打开素材图像　　图 2-8 创建一个选区

> ▶ 专家指点
>
> 选择"油漆桶工具"并按住【Shift】键单击画布边缘，即可设置画布底色为当前选择的前景色。如果要还原到默认的颜色，设置前景色为 25%灰度（R192、G192、B192）再次按住【Shift】单击画布边缘即可。
>
> "油漆桶工具"与"填充"命令非常相似，主要用于在图像或选区中填充颜色或图案，但"油漆桶工具"在填充前会对鼠标单击位置的颜色进行取样，从而常用于填充颜色相同或相似的图像区域。

Step 03 单击工具箱下方的"设置前景色"色块，弹出"拾色器（前景色）"对话框，设置 RGB 为 157、222、255，如图 2-9 所示。

Step 04 单击"确定"按钮，即可更改前景色，选取工具箱中的"油漆桶工具" ，在选区中单击鼠标左键，即可填充颜色，效果如图 2-10 所示。

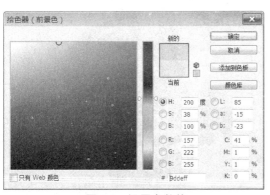

图 2-9 设置参数值　　图 2-10 使用"油漆桶工具"填充颜色后的效果

2.1.5 运用"吸管工具"填充颜色

用户在 Photoshop 中处理图像时，经常需要从图像中获取颜色，例如需要修补图像中的某个区域的颜色，通常要从该区域附近找出相近的颜色，然后再用该颜色处理需要修补的区域，此时就需要用到"吸管工具" 🖋 。下面介绍运用"吸管工具"填充颜色的操作方法。

Step 01 打开素材图像（素材\第 2 章\卡通男孩.jpg），如图 2-11 所示。

Step 02 选取"吸管工具"，将鼠标指针移至紫色手镯上，单击鼠标左键，即可吸取颜色，如图 2-12 所示。

图 2-11 打开素材图像

图 2-12 吸取颜色

Step 03 选取"魔棒工具"，在素材图像背景图像区域单击鼠标左键，创建选区，如图 2-13 所示。

Step 04 按【Alt + Delete】组合键，填充前景色，并取消选区，如图 2-14 所示。

图 2-13 创建选区

图 2-14 取消选区

2.2　图像色彩的基本调整

图像色彩的基本调整有很多种常用方法，本节主要向用户介绍"曝光度"命令、"色阶"命令、"曲线"命令、"亮度/对比度"命令、"自动色调"命令、"自动颜色"命令以及"自动对比度"命令调整图像色彩的操作方法。

2.2.1　运用"自动色调"调整图像

"自动色调"命令可以将每个颜色通道中最亮和最暗的像素分别设置为白色和黑色，并将中间色调按比例重新分布。下面介绍运用"自动色调"调整图像的操作方法。

Step 01　打开素材图像（素材\第 2 章\阳光.jpg），如图 2-15 所示。

Step 02　单击"图像"|"自动色调"命令，如图 2-16 所示。

图 2-15　打开素材图像

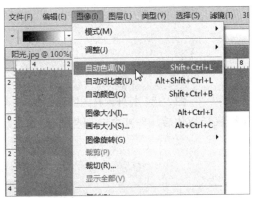
图 2-16　单击"自动色调"命令

Step 03　执行操作后，即可自动调整图像色调，效果如图 2-17 所示。

图 2-17　自动调整图像色调效果

▶ 专家指点

在 Photoshop CC 中，系统提供了 3 个自动校正图像颜色、色调和对比度的命令，即"自动颜色""自动色调"和"自动对比度"命令。

使用这些命令，不需要设置参数，系统会根据图像的特征自动校正图像的偏色和对比度，特别适合于偏色严重或明显缺乏对比的图像。

2.2.2 运用"自动对比度"调整图像

"自动对比度"命令可以自动调整图像中颜色的总体对比度和混合颜色，它将图像中最亮和最暗的像素映射为白色和黑色，使高光显得更亮而暗调显得更暗。下面介绍运用"自动对比度"调整图像的操作方法。

Step 01 打开素材图像（素材\第 2 章\花朵.jpg），如图 2-18 所示。

Step 02 单击"图像"|"自动对比度"命令，如图 2-19 所示。

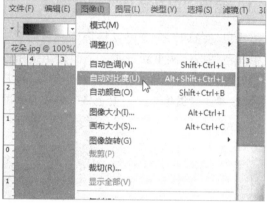

图 2-18　打开素材图像　　　　　　　　图 2-19　单击"自动对比度"命令

Step 03 执行操作后，即可自动调整图像对比度，效果如图 2-20 所示。

图 2-20　自动调整图像对比度效果

▶ **专家指点**

除了运用"自动对比度"命令调整图像对比度外，用户还可以按【Alt + Shift + Ctrl + L】组合键，快速调整图像对比度。

"自动对比度"命令会自动将图像最深的颜色加强为黑色，最亮的部分加强为白色，以增强图像的对比度，此命令对于连续调的图像效果相当明显，而对于单色或颜色不丰富的图像几乎不产生作用。

相对于"自动色调"命令来讲，"自动对比度"命令不会更改图像的颜色，因此不会造成图像颜色的缺失。

2.2.3　运用"自动颜色"调整图像

"自动颜色"命令可通过搜索实际图像来标识暗调、中间调和高光区域，并据此调整图像的对比度和颜色。下面介绍运用"自动颜色"调整图像的操作方法。

Step 01 打开素材图像（素材\第 2 章\动物.jpg），如图 2-21 所示。

Step 02 单击"图像"|"自动颜色"命令，如图 2-22 所示。

图 2-21　打开素材图像

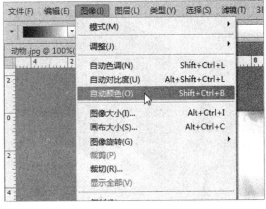

图 2-22　单击"自动颜色"命令

Step 03 执行操作后，即可自动调整图像颜色，效果如图 2-23 所示。

图 2-23　自动调整图像颜色效果

▶ **专家指点**

"自动颜色"命令可以让系统自动地对图像进行颜色校正。如果图像中有色偏或者饱和度过高的现象，均可以使用该命令进行自动调整。除了运用"自动颜色"命令调整图像偏色外，用户还可以按【Ctrl + Shift + B】组合键，快速调整图像偏色，以自动校正颜色。

默认情况下，"自动颜色"命令使用 RGB 参数值分别为 128、128、128 的灰色目标颜色来中和中间调，并将暗调和高光各像素剪切 0.5%。

2.2.4 运用"亮度/对比度"调整图像

"亮度/对比度"命令主要对图像每个像素的亮度或对比度进行调整,此调整方式方便、快捷,但不适用于较为复杂的图像。下面介绍运用"亮度/对比度"调整图像的操作方法。

Step 01 打开素材图像(素材\第 2 章\珠宝.jpg),如图 2-24 所示。

Step 02 单击"图像"|"调整"|"亮度/对比度"命令,如图 2-25 所示。

图 2-24 打开素材图像

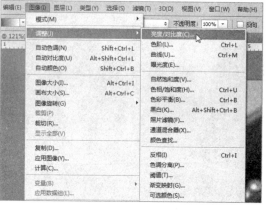

图 2-25 单击"宽度/对比度"命令

▶ 专家指点

使用"亮度/对比度"命令可以对图像的色调范围进行简单的调整,其与"曲线"和"色阶"命令不同,它对图像中的每个像素均进行同样的调整,而对单个通道不起作用,建议不要用于高端输出,以免引起图像中细节的丢失。

"亮度/对比度"对话框中各选项含义如下所述。

➢ 亮度:用于调整图像的亮度。该值为正时增加图像亮度,为负时降低亮度。

➢ 对比度:用于调整图像的对比度。正值时增加图像对比度,负值时降低对比度。

Step 03 弹出"亮度/对比度"对话框,设置相应参数,如图 2-26 所示。

Step 04 单击"确定"按钮,即可运用"亮度/对比度"命令调整图像色彩,效果如图 2-27 所示。

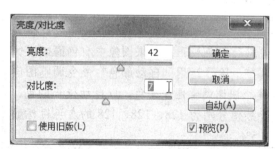

图 2-26 "亮度/对比度"对话框

图 2-27 调整图像色彩效果

▶ 专家指点

亮度是指颜色的明暗程度，通常使用 0%~100% 的百分比来度量。通常在正常强度的光线照射下的色相，被定义为标准色相。亮度高于标准色相的，称为该色相的高光；反之，称为该色相的阴影。

不同亮度的颜色给人的视觉感受各不相同：高亮度颜色给人以明亮、纯净、唯美等感觉，如图 2-28 所示；中亮度颜色给人以朴素、稳重、亲和的感觉；低亮度颜色则让人感觉压抑、沉重、神秘，如图 2-29 所示。

图 2-28　高亮度图像

图 2-29　低亮度图像

2.2.5　运用"色阶"调整图像

色阶是指图像中的颜色或颜色中某一个组成部分的亮度范围，利用"色阶"命令通过调整图像的阴影、中间调和高光的强度级别，校正色调范围和色彩平衡。

Step 01 打开素材图像（素材\第 2 章\骑单车.jpg），如图 2-30 所示。

Step 02 单击"图像"|"调整"|"色阶"命令，如图 2-31 所示。

图 2-30　打开素材图像

图 2-31　单击"色阶"命令

▶ 专家指点

除了运用上述方法弹出"色阶"对话框外，还可以按【Ctrl + L】组合键。

Step **03** 弹出"色阶"对话框,在其中设置各参数,如图 2-32 所示。

Step **04** 单击"确定"按钮,即可使用"色阶"命令调整图像亮度,如图 2-33 所示。

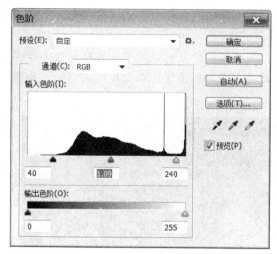

图 2-32 "色阶"对话框

图 2-33 调整图像亮度

▶ **专家指点**

在"色阶"对话框中,各选项含义如下所述。

➤ 预设:单击"预设选项"按钮 ,在弹出的列表框中,选择"存储预设"选项,可以将当前的调整参数保存为一个预设的文件。

➤ 通道:可以选择一个通道进行调整,调整通道会影响图像的颜色。

➤ 自动:单击该按钮,可以应用自动颜色校正,Photoshop 会以 0.5%的比例自动调整图像色阶,使图像的亮度分布更加均匀。

➤ 选项:单击该按钮,可以打开"自动颜色校正选项"对话框,在该对话框中可以设置黑色像素和白色像素的比例。

➤ 在图像中取样以设置白场:使用该工具在图像中单击,可以将单击点的像素调整为白色,原图中比该点亮度值高的像素也都会变为白色。

➤ 输入色阶:用来调整图像的阴影、中间调和高光区域。

➤ 在图像中取样以设置灰场:使用该工具在图像中单击,可以根据单击点像素的亮度来调整其他中间色调的平均亮度,通常用来校正色偏。

➤ 在图像中取样以设置黑场:使用该工具在图像中单击,可以将单击点的像素调整为黑色,原图中比该点暗的像素也变为黑色。

➤ 输出色阶:可以限制图像的亮度范围,从而降低对比度,使图像呈现褪色效果。

2.2.6 运用"曲线"调整图像

运用"曲线"命令可以通过调节曲线的方式调整图像的高亮色调、中间调和暗色调,其优点是可以只调整选定色调范围内的图像而不影响其他色调。下面介绍运用"曲线"调整图像的操作方法。

Step **01** 打开素材图像(素材\第 2 章\爱心.jpg),如图 2-34 所示。

Step 02 单击"图像"|"调整"|"曲线"命令,弹出"曲线"对话框,如图 2-35 所示。

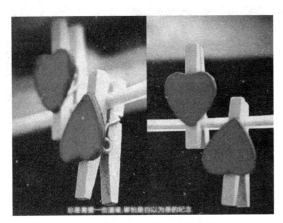

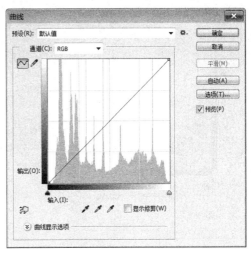

图 2-34 打开素材图像   图 2-35 "曲线"对话框

▶ 专家指点

在"曲线"对话框中,各选项含义如下所述。

➢ 预设:包含了 Photoshop 提供的各种预设调整文件,可以用于调整图像。

➢ 通道:在其列表框中可以选择要调整的通道,调整通道会改变图像的颜色。

➢ 编辑点以修改曲线:该按钮为选中状态时,在曲线中单击可以添加新的控制点,
拖动控制点改变曲线形状即可调整图像。

➢ 通过绘制来修改曲线:单击该按钮后,可以绘制手绘效果的自由曲线。

➢ 输出/输入:"输入"色阶显示了调整前的像素值,"输出"色阶显示了调整后的像
素值。

➢ 在图像上单击并拖动可以修改曲线:单击该按钮后,将光标放在图像上,曲线上
会出现一个圆形图形,它代表光标处的色调在曲线上的位置,在画面中单击并拖
动鼠标可以添加控制点并调整相应的色调。

➢ 平滑:使用铅笔绘制曲线后,单击该按钮,可以对曲线进行平滑处理。

➢ 自动:单击该按钮,可以对图像应用"自动颜色""自动对比度"或"自动色调"
校正。具体校正内容取决于"自动颜色校正选项"对话框中的设置。

➢ 选项:单击该按钮,可以打开"自动颜色校正选项"对话框。自动颜色校正选项
用来控制由"色阶"和"曲线"中的"自动颜色""自动色调""自动对比度"和
"自动"选项应用的色调和颜色校正。它允许指定"阴影"和"高光"剪切百分
比,并为阴影、中间调和高光指定颜色值。

Step 03 单击"通道"右侧的下三角按钮,在弹出的列表框中选择"红"选项,并设置相应参数,
如图 2-36 所示。

Step 04 单击"确定"按钮,即可运用"曲线"命令调整图像的整体色调,效果如图 2-37 所示。

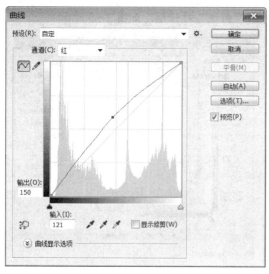

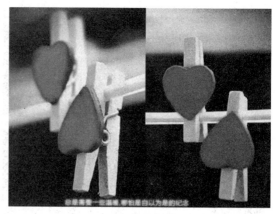

图 2-36　设置相应参数　　　　　　图 2-37　调整整体色调

> ▶ 专家指点
> 除了运用上述方法弹出"曲线"对话框，还可以按【Ctrl + M】组合键。

2.2.7　运用"曝光度"调整图像

在照片拍摄过程中，经常会因为曝光过度而导致图像偏白，或因为曝光不足而导致图像偏暗，这时可以使用"曝光度"命令来调整图像的曝光度。下面介绍运用"曝光度"调整图像的操作方法。

Step 01　打开素材图像（素材\第 2 章\餐具.jpg），如图 2-38 所示。

Step 02　单击"图像"|"调整"|"曝光度"命令，弹出"曝光度"对话框，设置相应参数，如图 2-39 所示。

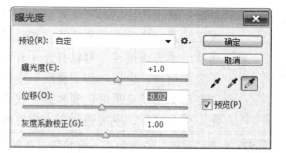

图 2-38　打开素材图像　　　　　　图 2-39　"曝光度"对话框

Step 03　单击"确定"按钮，即可运用"曝光度"命令调整图像色彩，效果如图 2-40 所示。

图 2-40　调整图像色彩效果

> ▶ **专家指点**
> 在"曝光度"对话框中，各主要选项的含义如下所述。
> ➤ 曝光度：调整色调范围的高光端，对极限阴影的影响很轻微。
> ➤ 位移：使阴影和中间调变暗，对高光的影响很轻微。
> ➤ 灰度系数校正：使用简单的乘方函数调整图像灰度系数。负值会被视为它们的相应正值。

2.2.8　运用"色相/饱和度"调整图像

　　"色相/饱和度"命令可以调整整幅图像或单个颜色分量的色相、饱和度和亮度值，还可以同步调整图像中所有的颜色。下面介绍运用"色相/饱和度"调整图像的操作方法。

Step 01　打开素材图像（素材\第 2 章\汽车.jpg），如图 2-41 所示。

Step 02　单击"图像"|"调整"|"色相/饱和度"命令，弹出"色相/饱和度"对话框，单击"预设"右侧的下三角按钮，在弹出的列表框中选择"自定"选项，如图 2-42 所示。

图 2-41　打开素材图像

图 2-42　选择"自定"选项

▶ 专家指点

除了运用"色相/饱和度"命令调整图像色相外,用户还可以按【Shift + U】组合键,快速调整图像色相。

Step 03 在对话框中设置其他参数,如图 2-43 所示。

Step 04 单击"确定"按钮,即可调整图像色相,效果如图 2-44 所示。

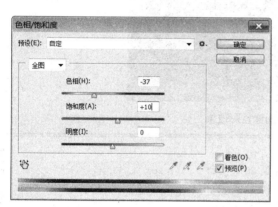

图 2-43   设置其他参数   图 2-44   调整图像色相效果

▶ 专家指点

在"色相/饱和度"对话框中,各主要选项含义如下所述。

➢   预设:在"预设"列表框中提供了 8 种色相/饱和度预设。

➢   通道:在"通道"列表框中可以选择全图、红色、黄色、绿色、青色、蓝色和洋红通道,进行色相、饱和度和明度的参数调整。

➢   着色:选中该复选框后,图像会整体偏向于单一的红色调。

➢   在图像上单击并拖动可修改饱和度:使用该工具在图像上单击设置取样点以后,向右拖曳鼠标可以增加图像的饱和度,向左拖曳鼠标可以降低图像的饱和度。

2.3   色彩和色调的特殊调整

"去色""黑白""反相"和"色调均化"等命令都可以更改图像中颜色的亮度值,通常这些命令只适用于增强颜色以产生特殊效果,而不用于校正颜色。本节主要介绍图像色彩和色调的特殊调整技巧。

2.3.1   运用"黑白"调整图像

使用"黑白"命令可以将图像调整为具有艺术感的黑白效果图像,同时也可以调整出不同单色的艺术效果。下面介绍运用"黑白"调整图像的操作方法。

Step 01 打开素材图像(素材\第 2 章\山水画.jpg),如图 2-45 所示。

Step 02 单击"图像"|"调整"|"黑白"命令,弹出"黑白"对话框,如图 2-46 所示。

图 2-45 打开素材图像

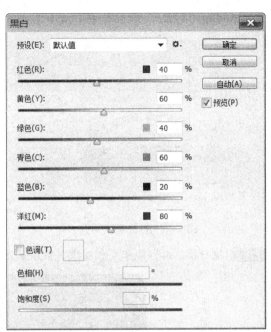

图 2-46 "黑白"对话框

Step 03 保持默认设置,单击"确定"按钮,即可制作黑白效果,如图 2-47 所示。

图 2-47 黑白效果

2.3.2 运用"反相"调整图像

使用"反相"命令可以将图像中的颜色进行反相,相似于传统相机中的底片效果。对于彩色图像,使用此命令可以将图像中的各部分颜色转换为补色。下面介绍运用"反相"调整图像的操作方法。

Step 01 打开素材图像(素材\第 2 章\小饰品.jpg),如图 2-48 所示。

Step 02 单击"图像"|"调整"|"反相"命令,如图 2-49 所示。

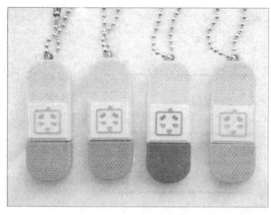

图 2-48　打开素材图像

图 2-49　单击"反相"命令

Step 03 执行操作后，即可反相图像，效果如图 2-50 所示。

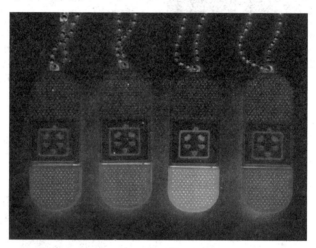

图 2-50　反相图像效果

▶ 专家指点

　　除了运用上述方法对图像进行反相外，用户还可以按【Ctrl + I】组合键，快速将图像进行反相处理。

　　"反相"命令用于制作类似于照片底片的效果，它可以对图像颜色进行反相，即将黑色转换成白色，或者从扫描的黑白阴片中得到一个阳片。如果是一幅彩色的图像，它能够把每一种颜色都反转成该颜色的互补色。将图像素材反相时，通道中每个像素的亮度值都会被转换为 256 级颜色刻度上相反的值。

2.3.3　运用"阈值"调整图像

　　使用"阈值"命令可以将灰度或彩色图像转换为高对比度的黑白图像。在转换过程中，被操作图像中比设置的阈值高的像素将会转换为白色。下面介绍运用"阈值"调整图像的操作方法。

Step 01 打开素材图像（素材\第 2 章\蝴蝶.jpg），如图 2-51 所示。

Step 02 单击"图像"|"调整"|"阈值"命令，如图 2-52 所示。

图 2-51　打开素材图像

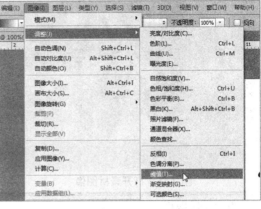

图 2-52　单击"阈值"命令

Step 03 弹出"阈值"对话框，保持默认设置，如图 2-53 所示。

Step 04 单击"确定"按钮，即可制作黑白图像，效果如图 2-54 所示。

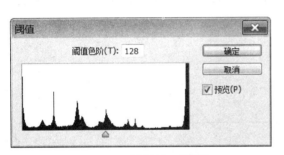

图 2-53　"阈值"对话框

图 2-54　制作黑白图像效果

> ▶ **专家指点**
>
> 　　在"阈值"对话框中，可以对"阈值色阶"进行设置，设置后图像中所有的亮度值比其小的像素都会变成黑色，所有亮度值比其大的像素都将变成白色。

2.3.4　运用"渐变映射"调整图像

　　"渐变映射"命令的主要功能是将相等图像灰度范围映射到指定的渐变填充色。使用"渐变映射"命令可将相等的图像灰度范围映射到指定的渐变填充色。下面介绍运用"渐变映射"调整图像的操作方法。

Step 01 打开素材图像（素材\第 2 章\一束花.jpg），如图 2-55 所示。

Step 02 单击"图像"|"调整"|"渐变映射"命令，弹出"渐变映射"对话框，如图 2-56 所示。

平面设计综合教程

图 2-55　打开素材图像

图 2-56　"渐变映射"对话框

▶ 专家指点

　　在"渐变映射"对话框中，单击渐变颜色条右侧的下三角按钮，在弹出的面板中选择一个预设渐变。若要创建自定义渐变，则可以单击渐变条，打开"渐变编辑器"对话框进行设置。

Step 03 单击"点按可编辑渐变"按钮，即可弹出"渐变编辑器"对话框，设置渐变从橄榄绿（RGB参数分别为 148、157、3）到白色，如图 2-57 所示。

Step 04 单击"确定"按钮，返回"渐变映射"对话框，单击"确定"按钮，即可制作彩色渐变效果，如图 2-58 所示。

图 2-57　"渐变编辑器"对话框

图 2-58　彩色渐变效果

▶ 专家指点

　　在"渐变映射"对话框中，单击"图像色调的高级调整"选项下的渐变颜色条右侧的下三角按钮，在弹出的面板中选择一个预设渐变。如果要创建自定义渐变，则可以单击渐变条，打开"渐变编辑器"对话框进行设置。

2.3.5　运用"可选颜色"调整图像

"可选颜色"命令可以校正颜色的平衡，主要针对 RGB、黑白灰等主要颜色的组成进行调节。该命令可以选择性地在某一主色调成分中增加或减少印刷颜色包含量。下面介绍运用"可选颜色"调整图像的操作方法。

Step 01　打开素材图像（素材\第 2 章\小轿车.jpg），如图 2-59 所示。

Step 02　单击"图像"|"调整"|"可选颜色"命令，弹出"可选颜色"对话框，设置相应参数，如图 2-60 所示。

图 2-59　打开素材图像

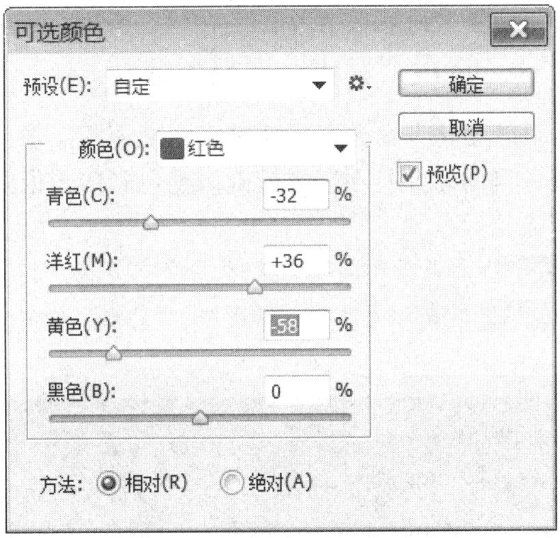

图 2-60　"可选颜色"对话框

Step 03　单击"颜色"右侧的三角形按钮，在弹出的列表框中选择"白色"选项，设置相应参数，如图 2-61 所示。

Step 04　单击"确定"按钮，即可校正图像颜色平衡，效果如图 2-62 所示。

图 2-61　设置相应参数

图 2-62　校正图像颜色平衡效果

▶ 专家指点

在"可选颜色"对话框中，各主要选项含义如下所述。

➤ 预设：可以使用系统预设的参数对图像进行调整。

➤ 颜色：可以选择要改变的颜色，然后通过下方的"青色""洋红""黄色""黑色"
滑块对选择的颜色进行调整。

➤ 方法：该选项区中包括"相对"和"绝对"两个单选按钮。选中"相对"单选按
钮，表示设置的颜色为相对于原颜色的改变量，即在原颜色的基础上增加或减少
某种印刷色的含量；选中"绝对"单选按钮，则直接将原颜色校正为设置的颜色。

2.3.6 运用"变化"调整图像

"变化"命令可以非常直观地调整图像或选区的色彩平衡、对比度和饱和度，它对于调
整色调均匀并且不需要精确调整色彩的图像非常有用。下面介绍运用"变化"调整图像的操
作方法。

Step 01 打开素材图像（素材\第 2 章\风景照片.jpg），如图 2-63 所示。

Step 02 单击"图像"|"调整"|"变化"命令，弹出"变化"对话框，如图 2-64 所示。

图 2-63　打开素材图像

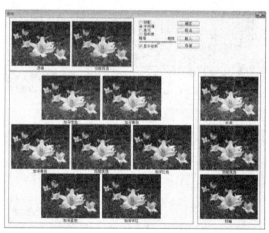

图 2-64　"变化"对话框

▶ 专家指点

在"变化"对话框中，各主要选项含义如下所述。

➤ 阴影/中间色调/高光：选择相应选项，可以调整图像的阴影、中间调或高光的颜色。

➤ 饱和度："饱和度"选项用来调整颜色的饱和度。

➤ 原稿/当前挑选：在对话框顶部的"原稿"缩览图中显示了原始图像，"当前挑选"
缩览图中显示了图像的调整结果。

➤ 精细/粗糙：用来控制每次的调整量，每移动一格滑块，可以使调整量双倍增加。

➤ 显示修剪：选中该复选框，如果出现溢色，颜色就会被修剪，以标识出溢色区域。

Step 03 单击"加深绿色"缩略图，再双击"加深黄色"缩略图，如图 2-65 所示。

Step 04 单击"确定"按钮，即可调整图像色调，效果如图 2-66 所示。

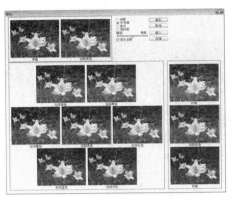

图 2-65　"变化"对话框

图 2-66　调整图像色调效果

> ▶ 专家指点
>
> 　　在"变化"对话框中，选中"阴影""中间调"或"高光"单选按钮，将调整相应区域
> 的颜色；选中"饱和度"单选按钮，对话框将刷新为调整饱和度的对话框。

2.3.7　运用"去色"调整图像

　　使用"去色"命令可以将彩色图像转换为灰度图像，同时图像的颜色模式保持不变，从
而快速制作黑白图像效果。下面介绍运用"去色"调整图像的操作方法。

Step 01　打开素材图像（素材\第 2 章\大片花海.jpg），如图 2-67 所示。

Step 02　单击"图像"|"调整"|"去色"命令，如图 2-68 所示。

图 2-67　打开素材图像

图 2-68　单击"去色"命令

> ▶ 专家指点
>
> 　　除了运用上述方法对图像进行去色外，用户还可以按【Shift + Ctrl + U】组合键，快速
> 对图像进行去色，制作黑白图像。除了对整幅图像去除颜色外，还可以根据需要对图像的
> 局部进行去色操作，在为选区的部分图像去除颜色时，最好将选区羽化，才不会出现过于
> 生硬的颜色过渡效果。

Step 03 执行操作后，即可去色图像，效果如图 2-69 所示。

图 2-69　去色效果

2.3.8　运用"色调均化"调整图像

使用"色调均化"命令能够重新分布图像中像素的亮度值，使其更均匀地呈现所有范围的亮度级，使图像更加柔化。下面介绍运用"色调均化"调整图像的操作方法。

Step 01 打开素材图像（素材\第 2 章\郁金香.jpg），如图 2-70 所示。

Step 02 单击"图像"|"调整"|"色调均化"命令，即可色调均化，如图 2-71 所示。

图 2-70　打开素材图像

图 2-71　色调均化图像

▶ 专家指点

运用"色调均化"命令，Photoshop 将尝试对亮度进行色调均化，也就是在整个灰度中均匀分布中间像素值。

在使用该命令时，Photoshop CS6 会将图像中最亮的像素转换为白色，将最暗的像素转换为黑色，尝试对亮度进行色调均化，也就是在整个灰度中均匀分布中间像素值。同时，对其余的像素也将相应地进行调整。

本章小结

　　本章主要介绍调整图像色彩与色调的方法。首先介绍了选取与填充颜色的方法，主要包括运用前景色与背景色选取颜色、运用"颜色"面板选取颜色、运用"色板"选取颜色、运用"油漆桶工具"填充颜色等；然后介绍了图像色彩的基本调整，使用了一系列的命令，如"自动色调"命令、"自动对比度"命令、"亮度/对比度"命令、"色阶"命令等；最后介绍了色彩和色调的特殊调整，如"黑白"命令、"反相"命令、"阈值"命令、"渐变映射"命令、"变化"命令、"去色"命令等，通过这些命令来对图像进行特殊调整。

　　通过本章的学习，读者可以掌握多种调整图像色彩与色调的方法，在调整图像的色彩时，可以结合多种命令或调色功能一起使用，一张精彩绝伦的照片并不是某一个命令就可以调出来的，需要多个命令结合使用，才会形成特殊的画面色彩。

课后习题

　　鉴于本章知识的重要性，为了帮助读者更好地掌握所学知识，本节将通过上机习题，帮助读者进行简单的知识回顾和补充。

　　本习题需要掌握使用"通道混合器"命令来调整图像色彩的方法，素材（素材\第 2 章\课后习题.psd）与效果（效果\第 2 章\课后习题.psd）如图 2-72 所示。

图 2-72　素材与效果

第 3 章　修复画面与添加文本

【本章导读】

    Photoshop CC 的润色与修饰图像的功能是不可小觑的，它提供了丰富多样的润色与修饰图像的工具，正确、合理地运用各种工具修饰图像，才能制作出完美的图像效果。在图像设计中，文字的使用是非常广泛的，通过对文字进行编排与设计，不但能够更加有效地表现设计主题，而且可以对图像起到美化作用。本章主要介绍修复画面与添加文本的方法。

【本章重点】

- ➢ 修复图像工具组
- ➢ 清除图像工具组
- ➢ 调色图像工具组
- ➢ 修饰图像工具组
- ➢ 文字设计工具组

3.1　修复图像工具组

    修复和修补工具组包括污点修复画笔工具、修复画笔工具、修补工具、内容感知移动工具和红眼工具等，修复和修补工具常用于修复图像中的杂色或污斑。本节主要介绍运用这些修复工具修复图像画面的操作方法。

3.1.1　运用"污点修复画笔工具"

    污点修复画笔工具不需要指定采样点，只需要在图像中有杂色或污渍的地方单击鼠标左键，即可修复图像。Photoshop 能够自动分析鼠标单击处及其周围图像的不透明度、颜色与质感，进行采样与修复操作。

    选取污点修复画笔工具后，打开污点修复画笔工具属性栏，如图 3-1 所示，各主要选项含义如下所述。

图 3-1　"污点修复画笔工具"属性栏

- ➢ 模式：在该列表框中可以设置修复图像与目标图像之间的混合方式。
- ➢ 近似匹配：选中该单选按钮修复图像时，将根据当前图像周围的像素来修复瑕疵。
- ➢ 创建纹理：选中该单选按钮后，在修复图像时，将根据当前图像周围的纹理自动创建一个相似的纹理，从而在修复瑕疵的同时保证不改变原图像的纹理。

➢ 内容识别：选中该单选按钮修复图像时，将根据图像内容识别像素并自动填充。
➢ 对所有图层取样：选中该复选框，可以从所有的可见图层中提取数据。
下面介绍运用污点修复画笔工具的操作方法。

Step 01　打开素材图像（素材\第 3 章\小猫.jpg），如图 3-2 所示。

Step 02　选取工具箱中的"污点修复画笔工具" ，如图 3-3 所示。

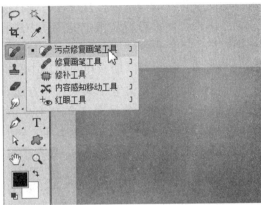

图 3-2　打开素材图像　　　　　　　图 3-3　选取"污点修复画笔工具"

Step 03　移动鼠标至图像中合适的图形处，单击鼠标左键并拖曳进行涂抹，鼠标涂抹过的区域呈黑色显示，如图 3-4 所示。

Step 04　释放鼠标左键，即可使用污点修复画笔工具修复图像，其图像效果如图 3-5 所示。

图 3-4　涂抹图像　　　　　　　图 3-5　使用"污点修复画笔工具"修复效果

3.1.2　运用"修复画笔工具"修复

"修复画笔工具" 在修饰小部分图像时会经常用到。在使用修复画笔工具时，应先取样，然后将选取的图像填充到要修复的目标区域，使修复的区域和周围的图像相融合，还可以将所选择的图案应用到要修复的图像区域中。

选取修复画笔工具，其属性栏如图 3-6 所示，各主要选项含义如下所述。

图 3-6　"修复画笔工具"属性栏

➢ 模式：在列表框中可以设置修复图像的混合模式。

➢ 源：设置用于修复像素的源。选中"取样"单选按钮，可以从图像的像素上取样；选中"图案"单选按钮，则可以在图案列表框中选择一个图案作为取样，效果类似于使用图案图章绘制图案。

➢ 对齐：选中该复选框，可以对像素进行连续取样，在修复过程中，取样点随修复位置的移动而变化；取消选中该复选框，则在修复过程中始终以一个取样点为起始点。

➢ 样本：用来设置从指定的图层中进行数据取样；如果要从当前图层及其下方的可见图层中取样，可以选择"当前和下方图层"选项；如果仅从当前图层中取样，可以选择"当前图层"选项；如果要从所有可见图层中取样，可选择"所有图层"选项。

下面介绍运用修复画笔工具的操作方法。

Step 01 打开素材图像（素材\第 3 章\巧克力.jpg），如图 3-7 所示。

Step 02 选取工具箱中的"修复画笔工具"，如图 3-8 所示。

图 3-7　打开素材图像

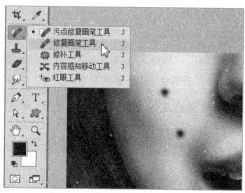

图 3-8　选取"修复画笔工具"

Step 03 将鼠标指针移至图像窗口中人脸处，按住【Alt】键的同时单击鼠标左键进行取样，释放鼠标左键，将鼠标指针移至人脸瑕疵处，按住鼠标左键并拖曳，至合适位置后释放鼠标，即可修复图像，效果如图 3-9 所示。

▶ **专家指点**

在使用污点修复画笔工具时，不需要定义原点，只需要确定需要修复的图像位置，调整好画笔大小，移动鼠标就会在确定需要修复的位置自动匹配，在实际应用时比较实用。

图 3-9　修复图像效果

3.1.3　运用"修补工具"修补图像

通过"修补工具" 可以用其他区域或图案中的像素来修复选区内的图像。与修复画笔工具一样，修补工具会将样本像素的纹理、光照和阴影与原像素进行匹配。

选取修补工具，其属性栏如图 3-10 所示，各主要选项含义如下所述。

图 3-10　"修补工具"属性栏

➢ 运算按钮：是针对应用创建选区的工具进行的操作，可以对选区进行添加等操作。

➢ 修补：用来设置修补方式。选中"源"单选按钮，当将选区拖曳至要修补的区域以后，释放鼠标左键就会用当前选区中的图像修补原来选中的内容；选中"目标"单选按钮，则会将选中的图像复制到目标区域。

➢ 透明：该复选框用于设置所修复图像的透明度。

➢ 使用图案：选中该复选框后，可以应用图案对所选区域进行修复。

下面介绍运用修补工具的操作方法。

Step 01 打开素材图像（素材\第 3 章\沙滩.jpg），如图 3-11 所示。

Step 02 选取工具箱中的"修补工具" ，如图 3-12 所示。

图 3-11　打开素材图像

图 3-12　选取"修补工具"

Step 03 移动鼠标至图像编辑窗口中，在需要修补的位置单击鼠标左键并拖曳，创建一个选区，如图 3-13 所示。

Step 04 单击鼠标左键并拖曳选区至图像颜色相近的位置，如图 3-14 所示。

图 3-13　创建选区

图 3-14　单击鼠标左键并拖曳

Step 05 释放鼠标左键，即可完成修补操作，单击"选择"|"取消选择"命令，取消选区，效果如图 3-15 所示。

图 3-15　修补图像效果

▶ 专家指点

使用修补工具可以用其他区域或图案中的像素来修复选中的区域，与修复画笔工具相同，修补工具会将样本像素的纹理、光照和阴影与源像素进行匹配，还可以使用修补工具来仿制图像的隔离区域。

3.1.4　运用"内容感知移动工具"

在 Photoshop CC 中，用户可以使用内容感知移动工具对图像进行编辑、移动或者拷贝图像中的某素材。下面介绍运用内容感知移动工具的操作方法。

Step 01 打开素材图像（素材\第 3 章\田野背影.jpg），如图 3-16 所示。

Step 02 选取工具箱中的"内容感知移动工具" ，如图 3-17 所示。

图 3-16　打开素材图像

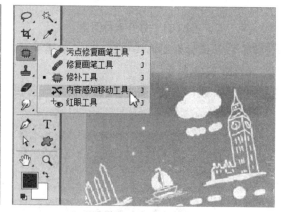

图 3-17　选取"内容感知移动工具"

Step 03 移动鼠标至图像编辑窗口中，在合适位置单击并拖动鼠标，建立选区，如图 3-18 所示。

Step 04 在选区上单击并移动至合适位置，松开鼠标即可，单击【Ctrl + D】组合键，取消选区，效果如图 3-19 所示。

图 3-18　建立选区

图 3-19　取消选区

▶ **专家指点**

　　选择 "内容感知移动工具" ✂，并建立选区后，在工具属性栏中，默认模式为 "移动"，制作效果如上，单击下拉按钮，在弹出的下拉菜单栏中选择 "扩展" 选项，如图 3-20 所示；移动选区，效果如图 3-21 所示，"扩展" 功能是对选区内的图像完美复制。

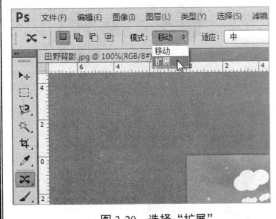
图 3-20　选择 "扩展"

图 3-21　"扩展" 效果

3.1.5　运用 "红眼工具" 去除红眼

　　"红眼工具" 是一个专用于修饰数码照片的工具，在 Photoshop 中常用于去除人物照片中的红眼。下面介绍运用红眼工具的操作方法。

Step 01 打开素材图像（素材\第 3 章\漂亮女人.jpg），如图 3-22 所示。

Step 02 选取工具箱中的 "红眼工具" ，如图 3-23 所示。

Step 03 移动鼠标至图像编辑窗口中，在人物的眼睛上单击鼠标左键，即可去除红眼，如图 3-24 所示。

Step 04 用上述同样的方法，在眼睛部位单击鼠标左键，修正另一只眼睛，效果如图 3-25 所示。

图 3-22　打开素材图像

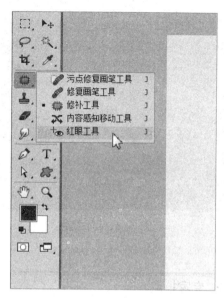

图 3-23　选取"红眼工具"

图 3-24　去除红眼

图 3-25　去除另一只红眼

▶ 专家指点

红眼工具可以说是专门为去除照片中的红眼而设立的，但需要注意的是，这并不代表该工具仅能对照片中的红眼进行处理，对于其他较为细小的东西，用户同样可以使用该工具来修改色彩。

3.2 清除图像工具组

清除图像的工具有 3 种，分别是橡皮擦工具、背景橡皮擦工具、魔术橡皮擦工具。橡皮擦工具和魔术橡皮擦工具可以将图像区域擦除为透明或用背景色填充；背景色橡皮擦工具可以将图层擦除为透明的图层。本节主要介绍使用清除工具清除画面中多余对象的方法。

3.2.1 运用橡皮擦工具擦除图像

"橡皮擦工具" ![橡皮擦图标]可以擦除图像。如果处理的是"背景"图层或锁定了透明区域的图层，涂抹区域会显示为背景色；处理其他图层时，可以擦除涂抹区域的像素。

选取橡皮擦工具后，其属性栏如图 3-26 所示，各主要选项含义如下所述。

图 3-26 "橡皮擦工具"属性栏

➢ 模式：可以选择橡皮擦的种类。选择"画笔"选项，可以创建柔边擦除效果；选择"铅笔"选项，可以创建硬边擦除效果；选择"块"选项，擦除的效果为块状。

➢ 不透明度：设置工具的擦除强度，100%的不透明度可以完全擦除像素，较低的不透明度将部分擦除像素。

➢ 流量：用来控制工具的涂抹速度。

➢ 喷枪工具：选取工具属性栏中的喷枪工具，将以喷枪工具的作图模式进行擦除。

➢ 抹到历史记录：选中该复选框后，橡皮擦工具就具有了历史记录画笔的功能。

下面介绍运用橡皮擦工具擦除图像的操作方法。

Step 01 打开素材图像（素材\第 3 章\甜点.jpg），如图 3-27 所示。

Step 02 选取工具箱中的橡皮擦工具，单击背景色色块，弹出"拾色器（背景色）"对话框，设置颜色为蓝色（RGB 参数值分别为 165、225、235），如图 3-28 所示。

图 3-27 打开素材图像

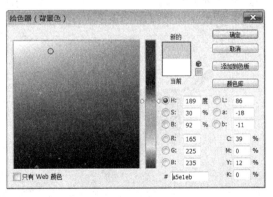

图 3-28 设置背景色

Step 03 单击"确定"按钮，设置背景色，选取橡皮擦工具，将鼠标移动至图像编辑窗口中，单击鼠标左键，将背景区域擦除，被擦除的区域以蓝色填充，效果如图 3-29 所示。

图 3-29　擦除图像效果

3.2.2　运用"背景橡皮擦工具"擦除图像

　　"背景橡皮擦工具" 主要用于擦除图像的背景区域，被擦除的图像以透明效果进行显示，其擦除功能非常灵活。

　　选取背景橡皮擦工具后，其属性栏如图 3-30 所示，各主要选项含义如下所述。

图 3-30　"背景橡皮擦工具"属性栏

　➢　取样：用来设置取样方式。

　➢　限制：定义擦除时的限制模式。选择"不连续"选项，可以擦除出现在光标下任何位置的样本颜色；选择"连续"选项，只擦除包含样本颜色并且互相连接的区域；选择"查找边缘"选项，可擦除包含样板颜色的连续区域，同时更好地保留性状边缘的锐化程度。

　➢　容差：用来设置颜色的容差范围。低容差仅限于擦除与样本颜色非常相似的区域，高容差可擦除范围更广的颜色。

　➢　保护前景色：选中该复选框后，可以防止擦除与前景色匹配的区域。

　　下面介绍运用背景橡皮擦工具擦除图像的操作方法。

Step 01　打开素材图像（素材\第 3 章\小工具.jpg），如图 3-31 所示。

Step 02　选取工具箱中的"背景橡皮擦工具" ，如图 3-32 所示。

图 3-31　打开素材图像

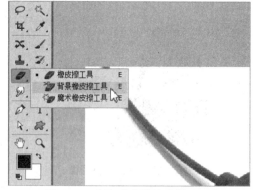

图 3-32　选取"背景橡皮擦工具"

Step 03　在图像编辑窗口中，单击鼠标左键并拖曳，涂抹图像，效果如图 3-33 所示。

Step 04 用与上同样的方法，涂抹图像，即可擦除背景，效果如图 3-34 所示。

图 3-33　涂抹图像

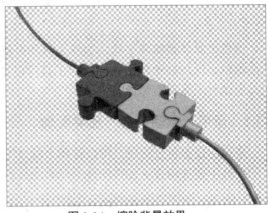

图 3-34　擦除背景效果

3.2.3　运用"魔术橡皮擦工具"擦除图像

使用"魔术橡皮擦工具"，可以自动擦除当前图层中与选区颜色相近的像素。选取"魔术橡皮擦工具"后，其属性栏如图 3-35 所示，各主要选项含义如下所述。

图 3-35　"魔术橡皮擦工具"属性栏

➢　容差：该文本框中的数值越大代表可擦除范围越广。

➢　消除锯齿：选中该复选框可以使擦除后的图像边缘保持平滑。

➢　连续：选中该复选框可以一次性擦除"容差"数值范围内的相同或相邻的颜色。

➢　对所有图层取样：该复选框与 Photoshop 中的图层有关，当选中此复选框后，所使用的工具对所有的图层都起作用，而不是只针对当前操作的图层。

➢　不透明度：该数值用于指定擦除的强度，数值为 100%则将完全抹除像素。

下面介绍运用魔术橡皮擦工具擦除图像的操作方法。

Step 01 打开素材图像（素材\第 3 章\特色灯.jpg），如图 3-36 所示。

Step 02 选取工具箱中"魔术橡皮擦工具"，在图像编辑窗口中单击鼠标左键，即可擦除图像，如图 3-37 所示。

图 3-36　打开素材图像

图 3-37　擦除图像效果

3.3 调色图像工具组

调色工具包括减淡工具、加深工具和海绵工具 3 种，其中减淡工具和加深工具是用于调节图像特定区域的传统工具，海绵工具可以精确地更改选取图像的色彩饱和度。本节主要介绍运用调色工具调整图像的方法。

3.3.1 运用"减淡工具"加亮图像

素材图像颜色过深时，可以使用"减淡工具"来加亮图像，"减淡工具"属性栏如图 3-38 所示，各主要选项含义如下所述。

图 3-38 "减淡工具"属性栏

➢ 范围：可以选择要修改的色调。选择"阴影"选项，可以处理图像的暗色调；选择"中间调"选项，可以处理图像的中间调；选择"高光"选项，则处理图像的亮部色调。

➢ 曝光度：可以为减淡工具或加深工具指定曝光。该值越高，效果越明显。

➢ 保护色调：如果希望操作后图像的色调不发生变化，选中该复选框即可。

下面介绍运用减淡工具加亮图像的操作方法。

Step 01 打开素材图像（素材\第 3 章\jpg），如图 3-39 所示。

Step 02 选取工具箱中的"减淡工具" ，如图 3-40 所示。

图 3-39 打开素材图像

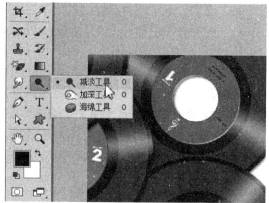

图 3-40 选取"减淡工具"

Step 03 在减淡工具属性栏中，设置"曝光度"为 80%，如图 3-41 所示。

Step 04 在图像编辑窗口中涂抹，即可减淡图像，效果如图 3-42 所示。

图 3-41　设置曝光度

图 3-42　减淡图像效果

3.3.2　运用"加深工具"调暗图像

"加深工具" 🖾 与"减淡工具" 🔍 恰恰相反，可使图像中被操作的区域变暗，其工具属性栏及操作方法与减淡工具相同。下面介绍运用加深工具调暗图像的操作方法。

Step 01 打开素材图像（素材\第 3 章\绘画笔.jpg），如图 3-43 所示。

Step 02 选取工具箱中的"加深工具" 🖾，如图 3-44 所示。

图 3-43　打开素材图像

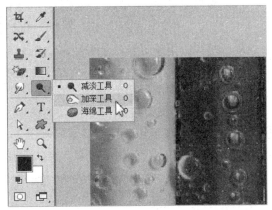

图 3-44　选取"加深工具"

Step 03 在"加深工具"属性栏中，设置"曝光度"为 100%，如图 3-45 所示。

Step 04 在图像编辑窗口中涂抹，即可调暗图像，效果如图 3-46 所示。

▶ **专家指点**

在"范围"列表框中，各选项含义如下所述。

➤ 阴影：选择该选项表示对图像暗部区域的像素加深或减淡。

➤ 中间调：选择该选项表示对图像中间色调区域加深或减淡。

➤ 高光：选择该选项表示对图像亮度区域的像素加深或减淡。

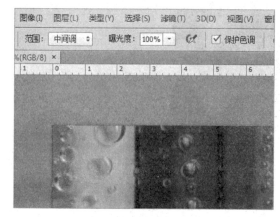

图 3-45　设置参数值　　　　　　　　　图 3-46　调暗图像效果

3.3.3　运用"海绵工具"调整图像

"海绵工具" 📷 为色彩饱和度调整工具，使用海绵工具可以精确地更改选区图像的色彩饱和度。其"模式"有两种："饱和"与"降低饱和度"。选取海绵工具后，其属性栏如图 3-47 所示，各主要选项含义如下所述。

图 3-47　"海绵工具"属性栏

➤　模式：用于设置添加颜色或者降低颜色。
➤　流量：用于设置海绵工具的作用强度。
➤　自然饱和度：选中该复选框后，可以得到最自然的加色或减色效果。

下面介绍运用海绵工具调整图像的操作方法。

Step 01　打开素材图像（素材\第 3 章\咖啡豆.jpg），如图 3-48 所示。

Step 02　选取工具箱中的"海绵工具" 📷，如图 3-49 所示。

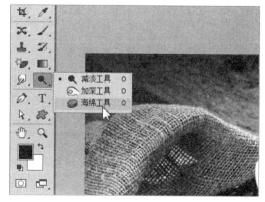

图 3-48　打开素材图像　　　　　　　　图 3-49　选取"海绵工具"

Step 03　在海绵工具属性栏中，设置"模式"为"加色"，"流量"为 70%，如图 3-50 所示。

Step 04　在图像编辑窗口中涂抹，即可调整图像，效果如图 3-51 所示。

图 3-50 设置参数值

图 3-51 调整图像效果

3.4 修饰图像工具组

使用修饰图像工具可以对有污点或瑕疵的图像进行处理，使图像更加自然、真实、美观。修饰图像工具包括模糊工具、锐化工具、涂抹工具、仿制图章工具和图案图章工具。本节主要介绍使用各种修饰图像工具修饰图像的操作方法。

3.4.1 运用"模糊工具"模糊图像

使用"模糊工具" ⬡ 对图像进行适当的修饰，可以使图像主体更加突出、清晰，从而使画面富有层次感。选取模糊工具后，其属性栏如图 3-52 所示，各主要选项含义如下所述。

图 3-52 "模糊工具"属性栏

➢ 强度：用来设置工具的强度。

➢ 对所有图层取样：如果文档中包含多个图层，可以选中该复选框，表示使用所有可见图层中的数据进行处理；取消选中该复选框，则只处理当前图层中的数据。

下面介绍运用模糊工具模糊图像的操作方法。

Step 01 打开素材图像（素材\第 3 章\雨中.jpg），如图 3-53 所示。

Step 02 选取工具箱中的"模糊工具" ⬡，如图 3-54 所示。

图 3-53 打开素材图像

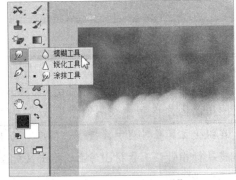

图 3-54 选取"模糊工具"

平面设计综合教程

Step 03 在属性栏中设置"强度"为 100，设置"大小"为 70，如图 3-55 所示。

Step 04 将鼠标指针移至素材图像上，单击鼠标左键在图像上进行涂抹，即可模糊图像，效果如图 3-56 所示。

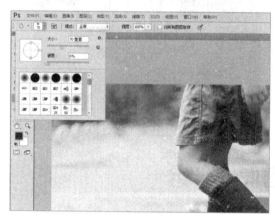 

图 3-55　设置参数值　　　　　　　　　图 3-56　模糊图像效果

3.4.2　运用"锐化工具"清晰图像

"锐化工具" △ 与模糊工具的作用刚好相反，它用于锐化图像的部分像素，使得被编辑的图像更加清晰。下面介绍运用锐化工具清晰图像的操作方法。

Step 01 打开素材图像（素材\第 3 章\羽毛球.jpg），如图 3-57 所示。

Step 02 选取工具箱中的"锐化工具" △ ，如图 3-58 所示。

 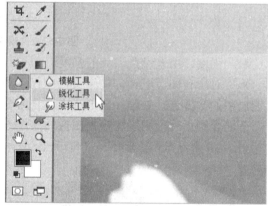

图 3-57　打开素材图像　　　　　　　　图 3-58　选取"锐化工具"

> ▶ 专家指点
>
> 锐化工具可增加相邻像素的对比度，将较软的边缘明显化，使图像聚焦。此工具不适合过度使用，因为这会导致图像严重失真。

Step 03 在锐化工具属性栏中，设置"强度"为 100，设置"大小"为 70，如图 3-59 所示。

Step 04 将鼠标指针移至素材图像上，单击鼠标左键在图像上进行涂抹，即可锐化图像，效果如图 3-60 所示。

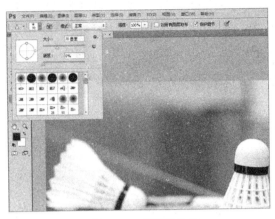

图 3-59　设置参数值　　　　　　　　图 3-60　锐化图像效果

3.4.3　运用"涂抹工具"混合图像

"涂抹工具" 可以用来混合颜色。使用涂抹工具，可以从单击处开始，将它与鼠标指针经过处的颜色混合。选取涂抹工具后，其属性栏如图 3-61 所示。

图 3-61　"涂抹工具"属性栏

在属性栏中，选中"手指绘画"复选框后，可以在涂抹时添加前景色；取消选中该复选框后，则使用每个描边起点处光标所在位置的颜色进行涂抹。

下面介绍运用涂抹工具混合图像的操作方法。

Step 01 打开素材图像（素材\第 3 章\水彩画.jpg），如图 3-62 所示。

Step 02 选取工具箱中的"涂抹工具" ，如图 3-63 所示。

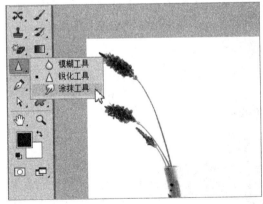

图 3-62　打开素材图像　　　　　　　图 3-63　选取"涂抹工具"

Step 03 在涂抹工具属性栏中，设置"强度"为 50%，设置"大小"为 80 像素，设置"硬度"为 80，如图 3-64 所示。

Step 04 将鼠标指针移至素材图像上，单击鼠标左键在图像上进行涂抹，即可混合图像颜色，效果如图 3-65 所示。

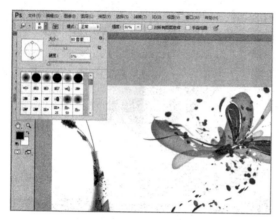

图 3-64 设置参数值　　　　　　　　　　图 3-65 混合图像颜色

3.5 文字设计工具组

Photoshop CC 提供了多种输入文字的工具，分别是横排文字工具、直排文字工具、横排文字蒙版工具等，利用不同的文字工具可以创建不同的文字效果。本节主要介绍运用文字工具设计文字效果的操作方法。

3.5.1 运用"横排文字工具"输入文字

输入横排文字的方法很简单，使用工具箱中的"横排文字工具" [T]或"横排文字蒙版工具" [T]，即可在图像编辑窗口中输入横排文字。下面介绍运用横排文字工具输入文字的操作方法。

Step 01 打开素材图像（素材\第 3 章\下雪.jpg），如图 3-66 所示。

Step 02 在工具箱中选取"横排文字工具" [T]，如图 3-67 所示。

图 3-66 打开素材图像　　　　　　　　图 3-67 选取"横排文字工具"

Step 03 将鼠标指针移至适当位置，并确定文字的插入点，在"字符"面板中设置"字体"为"华文行楷"，设置"字体大小"为 60，设置"颜色"为白色，如图 3-68 所示。

Step 04 选择一种合适的输入法，在图像上输入相应文字，单击工具属性栏右侧的"提交所有当前编辑"按钮 ✔️，即可完成横排文字的输入操作，效果如图 3-69 所示。

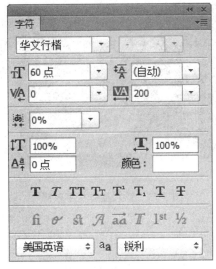

图 3-68　设置参数值

图 3-69　输入横排文字效果

3.5.2　运用"直排文字工具"输入文字

选取工具箱中的"直排文字工具" 或"直排文字蒙版工具" ，将鼠标指针移动到图像编辑窗口中，单击鼠标左键确定插入点，图像中出现闪烁的光标之后，即可输入文字。下面介绍运用直排文字工具输入文字的操作方法。

Step 01 打开素材图像（素材\第 3 章\蓝岛咖啡.jpg），如图 3-70 所示。

Step 02 在工具箱中选取"直排文字工具" ，如图 3-71 所示。

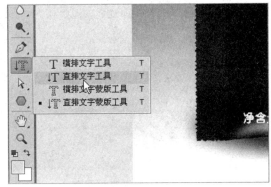

图 3-70　打开素材图像　　　　　图 3-71　选取"直排文字工具"

Step 03 将鼠标指针移至适当位置，并确定文字的插入点，在工具属性栏中，设置"字体"为"方正粗圆简体"，设置"字体大小"为 24，设置"颜色"为黄色（RGB 为 255、246、0），如图 3-72 所示。

Step 04 选择一种合适的输入法，在图像上输入相应文字，单击工具属性栏右侧的"提交所有当前编辑"按钮 ✔，即可完成直排文字的输入操作，效果如图 3-73 所示。

图 3-72 设置参数值

图 3-73 输入直排文字效果

3.5.3 运用"横排文字蒙版工具"输入文字

在一些广告上经常会看到特殊排列的文字，既新颖又体现了很好的视觉效果。下面介绍运用横排文字蒙版工具输入文字的操作方法。

Step 01 打开素材图像（素材\第 3 章\心相连.jpg），此时图像编辑窗口中的图像如图 3-74 所示。

Step 02 选取工具箱中的"横排文字蒙版工具" T，如图 3-75 所示。

图 3-74 打开素材图像

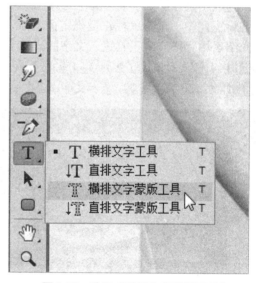

图 3-75 选取"横排文字蒙版工具"

Step 03 将鼠标指针移至图像编辑窗口中的合适位置，单击鼠标左键确认文本输入点，此时，图像背景呈淡红色显示，如图 3-76 所示。

Step 04 在工具属性栏中，设置"字体"为"方正平和简体"，设置"字体大小"为 60 点，如图 3-77 所示。

图 3-76　确认文本输入点

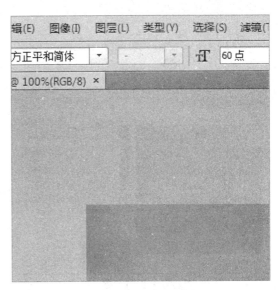

图 3-77　设置参数值

Step 05　执行上述操作后，输入"心相连"文字，此时输入的文字呈实体显示，效果如图 3-78 所示。

Step 06　执行上述操作后，按【Ctrl + Enter】组合键确认输入，即可创建文字选区，如图 3-79 所示。

图 3-78　输入相应文字

图 3-79　创建文字选区

Step 07　在工具箱底部单击前景色色块，弹出"拾色器（前景色）"对话框，设置前景色为白色，如图 3-80 所示。

Step 08　按【Alt + Delete】组合键，为选区填充前景色，按【Ctrl + D】组合键，取消选区，效果如图 3-81 所示。

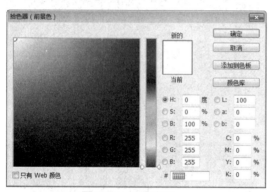

图 3-80　设置参数　　　　　　　　　图 3-81　填充文字效果

3.5.4　运用"钢笔工具"绘制路径输入文字

沿路径输入相应文字时，文字将沿着锚点方向输入，输入横排文字时，文字方向将与基线垂直；输入直排文字时，文字方向将与基线平行。下面介绍运用钢笔工具绘制路径输入文字的操作方法。

Step 01　打开素材图像（素材\第 3 章\色彩.jpg），此时图像编辑窗口中的图像如图 3-82 所示。

Step 02　选取工具箱中的"钢笔工具"，移动鼠标至图像编辑窗口中的合适位置，创建一条曲线路径，如图 3-83 所示。

图 3-82　打开素材图像　　　　　　　图 3-83　创建路径

Step 03　选取工具箱中的横排文字工具，在工具属性栏中，设置"字体"为"华文琥珀"，设置"字体大小"为 60 点，"颜色"为暗红色（RGB 参数值分别为 219、69、20），如图 3-84 所示。

Step 04 移动鼠标指针至图像编辑窗口中的曲线路径上，单击鼠标左键确定插入点并输入相应文字，单击工具属性栏右侧的"提交所有当前编辑"按钮☑️，效果如图 3-85 所示。

图 3-84　设置参数

图 3-85　输入相应文字

3.5.5　运用"文字变形"命令创建文字

平时看到的文字广告很多都采用了变形文字的效果，因此显得更美观，很容易就会引起人们的注意。在 Photoshop CC 中，通过"文字变形"对话框可以对选定的文字进行多种变形操作，使文字更加富有灵动感。下面介绍运用文字变形命令创建文字的操作方法。

Step 01 打开素材图像（素材\第 3 章\夕阳西下.jpg），此时图像编辑窗口中的图像显示如图 3-86 所示。

Step 02 选取横排文字工具，在工具属性栏中设置"字体"为"华文隶书"，"字体大小"为 9 点，"颜色"为橙色（RGB 参数值分别为 255、150、0），如图 10-87 所示。

图 3-86　打开素材图像

图 3-87　设置参数

Step 03 执行上述操作后，移动鼠标指针至图像编辑窗口中的合适位置，单击鼠标左键确定插入点并输入相应文字，如图 3-88 所示。

Step**04** 执行上述操作后，单击工具属性栏右侧的"提交所有当前编辑"按钮☑，效果如图 10-89
所示。

图 3-88 输入相应文字

图 3-89 文字效果

Step**05** 在菜单栏中，单击"类型"|"文字变形"命令，即可弹出"变形文字"对话框，设置"样
式"为"上弧"，如图 3-90 所示。

Step**06** 单击"确定"按钮，即可制作文字上弧效果，如图 3-91 所示。

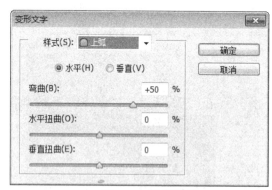

图 3-90 设置样式

图 3-91 制作文字上弧效果

3.5.6 运用"创建工作路径"转换文字

在 Photoshop CC 中，可以直接将文字转换为路径，从而可以直接通过此路径进行描边、
填充等操作，制作出特殊的文字效果。下面介绍运用"创建工作路径"转换文字的操作方法。

Step**01** 打开素材图像（素材\第 3 章\冬日残红.jpg），此时图像编辑窗口中显示的图像如图 3-92
所示。

Step 02 选取工具箱中的横排文字工具，在工具属性栏中，设置"字体"为"方正特雅宋_GBK"，"字体大小"为 14 点，"设置消除锯齿的方法"为"平滑"，"颜色"为红色（RGB 参数值分别为 255、0、0），如图 3-93 所示。

图 3-92　打开素材图像

图 3-93　设置参数

Step 03 执行上述操作后，移动鼠标指针至图像编辑窗口中的合适位置，单击鼠标左键确定插入点并输入相应文字，如图 3-94 所示。

Step 04 执行上述操作后，单击工具属性栏右侧的"提交所有当前编辑"按钮✔，效果如图 3-95 所示。

图 3-94　输入相应文字

图 3-95　文字效果

Step 05 在菜单栏中，单击"类型"|"创建工作路径"命令，如图 3-96 所示。

Step 06 执行上述操作后，即可将文字转换为路径，效果如图 3-97 所示。

图 3-96 单击"创建工作路径"命令

图 3-97 文字转换为路径效果

本章小结

本章主要介绍了修复图像与添加文本的操作方法。首先介绍了修复图像工具组，如污点修复画笔工具、修复画笔工具、修补工具、内容感知移动工具、红眼工具等；接下来介绍了清除图像工具组，如橡皮擦工具、背景橡皮擦工具、魔术橡皮擦工具等；然后介绍了调色图像工具组，如减淡工具、加深工具、海绵工具等；还有一系列的其他工具，如修饰图像工具、文字设计工具等。熟练掌握这些工具的使用技巧，可以帮助读者更好地设计图像，并制作出极具吸引力的平面设计作品。

课后习题

鉴于本章知识的重要性，为了帮助读者更好地掌握所学知识，本节将通过上机习题，帮助读者进行简单的知识回顾和补充。

本习题需要掌握使用"文字变形"命令制作文字变形的效果，素材（素材\第 3 章\课后习题.psd）与效果（效果\第 3 章\课后习题.psd）如图 3-98 所示。

图 3-98 素材与效果

第4章 运用工具和命令抠图

【本章导读】

在 Illustrator CC 中，上色是指为图形内部填充颜色和渐变色。使用"色板"面板、"颜色"面板、吸管工具和"拾色器"等可以选取颜色。选取颜色后，还可以通过"颜色参考"面板生成与之协调的颜色方案。本章将详细介绍填色和描边图形对象、实时上色图形对象以及渐变填充图形对象等内容。

【本章重点】

➤ 运用魔棒工具与命令抠图
➤ 运用选框与形状工具抠图
➤ 运用高级工具抠图

4.1 运用魔棒工具与命令抠图

魔棒工具是建立选区的工具之一，其作用是在一定的容差值范围内（默认值为 32），将颜色相同的区域同时选中，建立选区以达到抠取图像的目的。除了运用"魔棒工具"进行快速创建选区抠图外，还可以用各种命令进行抠图，比如"反向"命令、"色彩范围"命令、"选取相似"命令等。本节主要介绍运用魔棒工具与命令抠图的技巧。

4.1.1 运用单一选取抠图

单一选取是指每次单击"魔棒工具" ，只能选择一个区域，再次进行单击选取时，前面选择的区域将自动取消选择。魔棒工具是用来创建与图像颜色相近或相同的像素选区，在颜色相近的图像上单击鼠标左键，即可选取到相近颜色的范围。选择魔棒工具后，其属性栏的变化如图 4-1 所示。

图 4-1 "魔棒工具"属性栏

魔棒工具的工具属性栏各选项基本含义如下所述。

➤ 容差：用来控制创建选区范围的大小，数值越小，所要求的颜色越相近，数值越大，则颜色相差越大。

➤ 消除锯齿：用来模糊羽化边缘的像素，使其与背景像素产生颜色的过渡，从而消除边缘明显的锯齿。

平面设计综合教程

> ➤ 连续：选中该复选框后，只选取与鼠标单击处相连接处的相近颜色。
> ➤ 对所有图层取样：用于有多个图层的文件，选中该复选框后，能选取文件中所有图层中相近颜色的区域，不选中时，只选取当前图层中相近颜色的区域。

下面介绍运用单一选取抠图的操作方法。

Step 01 打开素材图像（素材\第 4 章\墨镜.jpg），如图 4-2 所示。

Step 02 选取工具箱中的"魔棒工具"，移动鼠标至图像编辑窗口中，在黄色区域上单击鼠标左键，即可选中黄色区域，如图 4-3 所示。

图 4-2　打开素材图像

图 4-3　选中黄色区域

Step 03 单击"选择"|"反向"命令，选择反向，按【Ctrl＋J】组合键，得到"图层 1"图层，如图 4-4 所示。

Step 04 单击"背景"图层前面的"指示图层可见性"图标，隐藏"背景"图层，如图 4-5 所示。

图 4-4　复制得到新图层

图 4-5　隐藏背景图层

4.1.2　运用连续选取抠图

在使用魔棒工具选择图像时，在工具属性栏中选中"连续"复选框，则只选取与单击处相邻的、容差范围内的颜色区域。下面介绍运用连续选取抠图的操作方法。

Step 01 打开素材图像（素材\第 4 章\花开.jpg），如图 4-6 所示。

Step 02 选取工具箱中的"魔棒工具" ，在工具属性栏中选中"连续"复选框，单击白色区域时，只选取相邻区域，如图 4-7 所示。

图 4-6　打开素材图像

图 4-7　使用"魔棒工具"

Step 03 在工具属性栏中取消选中"连续"复选框，此时再单击白色区域时，即可选取所有白色区域，如图 4-8 所示。

Step 04 单击"选择"|"反向"命令，选择反向，按【Ctrl + J】组合键拷贝一个新图层，并隐藏"背景"图层，效果如图 4-9 所示。

图 4-8　选择所有白色区域

图 4-9　拷贝新图层并隐藏背景图层

> ▶ 专家指点
>
> 　在选择多个不连续且性质相同的区域时，可以应用该方法，从而不必一个一个去单击拾取，在抠图过程中可以节省很多时间。

4.1.3　运用添加选区抠图

　　使用魔棒工具时，在工具属性栏中单击"添加到选区"按钮，可以在原有选区的基础上添加新选区，将新建的选区与原来的选区合并成为新的选区。下面介绍运用添加选区抠图的操作方法。

Step 01 打开素材图像（素材\第 4 章\黄色花朵.jpg），如图 4-10 所示。

Step 02 选取工具箱中的"魔棒工具" ，在工具属性栏中选中"连续"复选框，在图像编辑窗口单击红色背景区域，如图 4-11 所示。

图 4-10　打开素材图像

图 4-11　单击红色背景区域

Step 03 在工具属性栏中单击"添加到选区"按钮 ，多次单击红色背景区域，使背景全部被选中，如图 4-12 所示。

Step 04 单击"选择"|"反向"命令，选择反向，按【Ctrl + J】组合键拷贝一个新图层，并隐藏"背景"图层，如图 4-13 所示。

图 4-12　选中全部红色背景

图 4-13　拷贝新图层并隐藏背景图层

> ▶ **专家指点**
> 　　在"新选区" 状态下，按住【Shift】键的同时，单击相应区域，可以快速切换到"添加到选区"状态。

4.1.4　运用减选选区抠图

　　使用魔棒工具时，在工具属性栏中单击"从选区减去"按钮 ，可以从原有选区中减去不需要的部分，从而得到新的选区。下面介绍运用减选选区抠图的操作方法。

Step 01 打开素材图像（素材\第 4 章\数字广告.jpg），如图 4-14 所示。

Step 02 选取工具箱中的"魔棒工具" ![icon]，在工具属性栏中取消选中"连续"复选框，在图像编辑窗口单击白色区域，如图 4-15 所示。

图 4-14　打开素材图像　　　　　　　　　图 4-15　单击白色区域

Step 03 在工具属性栏中单击"从选区减去"按钮![icon]，并选中"连续"复选框，单击变形零白色区域，减选选区，如图 4-16 所示。

Step 04 设置前景色为黄色（RGB 参数分别为 255、255、0），按【Alt + Delete】组合键，填充选区，按【Ctrl + D】组合键，取消选区，如图 4-17 所示。

图 4-16　减选选区　　　　　　　　　　　图 4-17　填充选区

▶ **专家指点**

在"新选区" ![icon]状态下，按住【Alt】键的同时，单击相应区域，可以快速切换到"从选区减去"状态。

4.1.5　运用"反向"命令抠图

在选取图像时，不但要根据不同的图像类型选择不同的选取工具，还要根据不同的图像类型选择不同的选取方式。"反向"命令是比较常用的方式之一。下面介绍运用"反向"命令抠图的操作方法。

Step 01 打开素材图像（素材\第 4 章\衣服.jpg），如图 4-18 所示。

Step 02 选取工具箱中的"魔棒工具" ，在工具属性栏中设置"容差"为 10px，在白色背景位置单击鼠标左键，如图 4-19 所示。

图 4-18　打开素材图像

图 4-19　选中白色区域

> ▶ **专家指点**
> 用户可以单击"选择"|"反向"命令，反选选区，也可以点击【Ctrl + Shift + I】快捷键，将选区反选。

Step 03 单击"选择"|"反向"命令，反选选区，如图 4-20 所示。

Step 04 按【Ctrl + J】组合键拷贝一个新图层，并隐藏"背景"图层，如图 4-21 所示。

图 4-20　反选选区

图 4-21　拷贝新图层并隐藏背景图层

4.1.6　运用"色彩范围"命令抠图

使用"色彩范围"命令快速创建选区，其选取原理是以颜色作为依据，类似于魔棒工具，但是其功能比魔棒工具更加强大。下面介绍运用"色彩范围"命令抠图的操作方法。

Step 01 打开素材图像（素材\第 4 章\素描.jpg），如图 4-22 所示。

Step 02 单击"选择"|"色彩范围"命令，弹出"色彩范围"对话框，将光标移至图像中，在黑色人物上单击鼠标，如图 4-23 所示。

图 4-22　打开素材图像

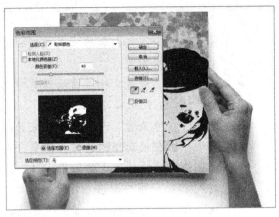

图 4-23　单击黑色区域

▶ 专家指点

　　应用 "色彩范围" 命令指定颜色范围时，可以调整所需区域的预览方式。通过 "选区预览" 选项可以设置预览方式，包括 "灰色" "黑色杂边" "白色杂边" 和 "快速蒙版" 4 种预览方式。

Step03　设置 "颜色容差" 为 50，单击 "确定" 按钮，即可选择区域，如图 4-24 所示。

Step04　按【Ctrl + J】组合键拷贝一个新图层，并隐藏 "背景" 图层，如图 4-25 所示。

图 4-24　创建选区

图 4-25　拷贝新图层并隐藏背景图层

▶ 专家指点

"色彩范围" 对话框各选项基本含义如下所述。

➢ 选择：用来设置选区的创建方式。选择 "取样颜色" 选项时，可将光标放在文档窗口中的图像上，或在 "色彩范围" 对话框中预览图像上单击，对颜色进行取样。 为添加颜色取样， 为减去颜色取样。

➢ 本地化颜色簇：当选中该复选框后，拖动 "范围" 滑块可以控制要包含在蒙版中的颜色与取样的最大和最小距离。

➢ 颜色容差：是用来控制颜色的选择范围，该值越高，包含的颜色就越广。

> ➤ 选区预览图：选区预览图包含了两个选项。选中"选择范围"单选按钮时，预览区的图像中，呈白色的代表被选择的区域；选中"图像"单选按钮时，预览区会出现彩色的图像。
>
> ➤ 选区预览：设置文档选区的预览方式。用户选择"无"选项，表示不在窗口中显示选区；用户选择"灰度"选项，可以按照选区在灰度通道中的外观来显示选区；选择"灰色杂边"选项，可在未选择的区域上覆盖一层黑色；选择"白色杂边"选项，可在未选择的区域上覆盖一层白色；选择"快速蒙版"选项，可以显示选区在快速蒙版状态下的效果，此时，未选择的区域会覆盖一层红色。
>
> ➤ 载入/存储：用户单击"存储"按钮，可将当前的设置保存为选区预设；单击"载入"按钮，可以载入存储的选区预设文件。
>
> ➤ 反相：可以反转选区。

4.1.7 运用"选取相似"命令抠图

"选取相似"命令可以根据现有的选区及包含的容差值，自动将图像中颜色相似的所有图像选中，使选区在整个图像中进行不连续的扩展。下面介绍运用"选取相似"命令抠图的操作方法。

Step 01 打开素材图像（素材\第 4 章\产品.jpg），如图 4-26 所示。

Step 02 选取工具箱中的"魔棒工具" ，在工具属性栏中设置"容差"为 80，在抱枕图像上单击鼠标左键，如图 4-27 所示。

图 4-26　打开素材图像

图 4-27　单击鼠标左键

Step 03 连续多次单击"选择"|"选取相似"命令，选取相似颜色区域，如图 4-28 所示。

Step 04 按【Ctrl + J】组合键拷贝一个新图层，并隐藏"背景"图层，如图 4-29 所示。

▶ **专家指点**

按【Alt + S + R】组合键，也可以创建相似选区。

图 4-28　选取相似颜色区域

图 4-29　拷贝新图层并隐藏背景图层

4.2　运用选框与路径工具抠图

在 Photoshop CC 中，使用工具箱中的多种选框工具可以绘制出不同形状的选区，达到抠取图像的目的，还可以使用工具箱中的矢量图形工具绘制不同形状的路径来抠取图像。本节主要介绍运用选框与路径工具抠图的技巧。

4.2.1　运用"矩形选框工具"抠图

矩形选框工具主要用于创建矩形或正方形选区，用户还可以在工具属性栏上进行相应选项的设置。

在 Photoshop 中矩形选框工具可以建立矩形选区，该工具是区域选择工具中最基本、最常用的工具，用户选择矩形选框工具后，其工具属性栏如图 4-30 所示。

图 4-30　"矩形选框工具"属性栏

矩形选框工具的工具属性栏各选项的基本含义如下所述。

➢　羽化：用户用来设置选区的羽化范围。

➢　样式：用户用来设置创建选区的方法。选择"正常"选项，可以通过拖动鼠标创建任意大小的选区；选择"固定比例"选项，可在右侧设置"宽度"和"高度"；选择"固定比例"选项，可在右侧设置"宽度"和"高度"的数值。单击 ⇄ 按钮，可以切换"宽度"和"高度"的值。

➢　调整边缘：用来对选区进行平滑、羽化等处理。

下面介绍运用矩形选框工具抠图的操作方法。

Step 01　打开素材图像（素材\第 4 章\飞机.jpg），如图 4-31 所示。

Step 02　选取工具箱中的"矩形选框工具"，在编辑窗口中的左上角单击鼠标左键并向右下方拖曳，创建一个矩形选区，如图 4-32 所示。

图 4-31　打开素材图像

图 4-32　创建矩形选区

Step 03　按【Ctrl + J】组合键，拷贝选区内的图像，建立一个新图层，并隐藏"背景"图层，抠取
效果如图 4-33 所示。

图 4-33　抠取效果

▶ 专家指点

与创建矩形选框有关的技巧如下所述。

➤ 按【M】键，可快速选取矩形选框工具。

➤ 按【Shift】键，可创建正方形选区。

➤ 按【Alt】键，可创建以起点为中心的矩形选区。

➤ 按【Alt + Shift】组合键，可创建以起点为中心的正方形。

4.2.2　运用"椭圆选框工具"抠图

椭圆选框工具主要用于创建椭圆或正圆选区，用户还可以在工具属性栏上进行相应选项
的设置。下面介绍运用椭圆选框工具抠图的操作方法。

Step 01　打开素材图像（素材\第 4 章\花香.jpg），如图 4-34 所示。

Step 02　选择工具箱中的"椭圆选框工具"，在编辑窗口中的左上角单击鼠标左键并向右下方拖曳，
创建一个椭圆选区，如图 4-35 所示。

图 4-34　打开素材图像

图 4-35　创建椭圆选区

Step 03　按【Ctrl + J】组合键，拷贝选区内的图像，建立一个新图层，并隐藏"背景"图层，抠图
　　　　效果如图 4-36 所示。

图 4-36　抠图效果

▶ 专家指点

与创建椭圆选框有关的技巧如下所述。

➢　按【Shift + M】组合键，可快速选择椭圆选框工具。

➢　按【Shift】键，可创建正圆选区。

➢　按【Alt】键，可创建以起点为中心的椭圆选区。

➢　按【Alt + Shift】组合键，可创建以起点为中心的正圆选区。

4.2.3　运用"套索工具"抠图

在 Photoshop CC 中，运用套索工具可以在图像编辑窗口中创建任意形状的选区，通常用
于创建不太精确的选区。下面介绍运用套索工具抠图的操作方法。

Step 01　打开素材图像（素材\第 4 章\彩带.jpg），如图 4-37 所示。

Step 02　选取工具箱中的"套索工具"，在编辑窗口中的合适位置建立一个选区，如图 4-38 所示。

图 4-37　打开素材图像　　　　　　　　　图 4-38　创建选区

Step03 按【Ctrl＋J】组合键，拷贝选区内的图像，建立一个新图层，并隐藏"背景"图层，抠图效果如图 4-39 所示。

图 4-39　抠图效果

4.2.4　运用"多边形套索工具"抠图

运用多边形套索工具绘制多边形选区时，单击鼠标绘制直线，对于抠取多边形的图形比较方便。下面介绍运用多边形套索工具抠图的操作方法。

Step01 打开素材图像（素材\第 4 章\建筑.jpg），如图 4-40 所示。

Step02 选取工具箱中的"多边形套索工具"，如图 4-41 所示。

图 4-40　打开素材图像　　　　　　　　图 4-41　选取"多边形套索工具"

Step 03 移动鼠标至合适的位置，单击鼠标左键建立第一个点，移动鼠标时鼠标变为可编辑模式，再在合适的位置单击第二个点，如图 4-42 所示。

Step 04 使用以上方法，建立多边形选区，如图 4-43 所示。

图 4-42　单击第二个点　　　　　　　图 4-43　建立多边形选区

▶ 专家指点

运用多边形套索工具创建选区时，按住【Shift】键的同时单击鼠标左键，可以沿水平、垂直或 45 度角方向创建选区。

Step 05 按【Ctrl + J】组合键，拷贝选区内的图像，建立一个新图层，并隐藏"背景"图层，抠取效果如图 4-44 所示。

图 4-44　抠取效果

4.2.5　运用"磁性套索工具"抠图

在 Photoshop CC 中，磁性套索工具用于快速选择与背景对比强烈并且边缘复杂的对象，它可以沿着图像的边缘生成选区。选择磁性套索工具后，其属性栏如图 4-45 所示。

图 4-45　"磁性套索工具"属性栏

磁性套索工具的工具属性栏各选项的基本含义如下所述。

➢ 宽度：以光标中心为准，其周围有多少个像素能够被工具检测到，如果对象的边界

平面设计综合教程

不是特别清晰，需要使用较小的宽度值。

➢ 对比度：用来设置工作感应图像边缘的灵敏度。如果图像的边缘清晰，可将该数值设置得高一些；反之，则设置得低一些。

➢ 频率：用来设置创建选区时生成锚点的数量。

➢ 使用绘图板压力以更改钢笔压力：计算机配置有数位板和压感笔，单击此按钮，Photoshop 会根据压感笔的压力自动调整工具的检测范围。

下面介绍运用磁性套索工具抠图的操作方法。

Step 01 打开素材图像（素材\第4章\方形玩具.jpg），如图 4-46 所示。

Step 02 选取工具箱中的"磁性套索工具"，如图 4-47 所示。

图 4-46　打开素材图像

图 4-47　选取"磁性套索工具"

Step 03 在编辑窗口中的合适位置单击鼠标左键，并移动鼠标对需要抠取的图形进行框选，鼠标选取的地方会生成路径，如图 4-48 所示。

Step 04 选取需要抠取的部分，在开始路径的锚点处单击鼠标左键，建立选区，如图 4-49 所示。

图 4-48　生成路径

图 4-49　建立选区

Step05 按【Ctrl + J】组合键，拷贝选区内的图像，建立一个新图层，并隐藏"背景"图层，抠取
效果如图 4-50 所示。

图 4-50　抠取效果

4.2.6　运用"矩形工具"抠图

"矩形工具" ▦ 主要用于创建矩形或正方形图形，用户还可以在工具属性栏上进行相应
选项的设置，也可以设置矩形的尺寸、固定宽高比例等。

运用矩形工具可以绘制出矩形图形、矩形路径或填充像素，可在工具属性栏上设置矩形
的尺寸、固定宽高比例等。矩形工具的工具属性栏如图 4-51 所示。

图 4-51　"矩形工具"属性栏

矩形工具属性栏各选项含义如下所述。

➢ 模式：单击该按钮，在弹出的下拉面板中可以定义工具预设。
➢ 选择工具模式：该列表框中包含图形、路径和像素 3 个选项，可创建不同的路径。
➢ 填充：单击该按钮，在弹出的下拉面板中，可以设置填充颜色。
➢ 描边：在该选项区中，可以设置创建的路径形状的边缘颜色和宽度等。
➢ 宽度：用于设置矩形路径形状的宽度。
➢ 高度：用于设置矩形路径形状的高度。

下面介绍运用矩形工具抠图的操作方法。

Step01 打开素材图像（素材\第 4 章\求婚.jpg），如图 4-52 所示。

Step02 选择工具箱中的"矩形工具"，设置模式为路径，在图像编辑窗口的左上角单击鼠标左键
并向右下方拖曳，创建一个矩形路径，如图 4-53 所示。

▶ 专家指点

矩形工具用来绘制矩形和正方形。选择该工具后，单击并拖动鼠标可以创建矩形；按
住【Shift】键拖动则可以创建正方形；按住【Alt】键拖动则会以单击点为中心向外创建矩
形；按住【Shift + Alt】键会以单击点为中心向外创建正方形。

图 4-52　打开素材图像

图 4-53　创建矩形路径

Step 03 按【Ctrl + Enter】组合键，将路径转换为选区，如图 4-54 所示。

Step 04 按【Ctrl + J】组合键，拷贝选区内的图像，建立一个新图层，并隐藏"背景"图层，抠取效果如图 4-55 所示。

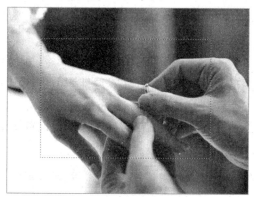

图 4-54　将路径转换为选区

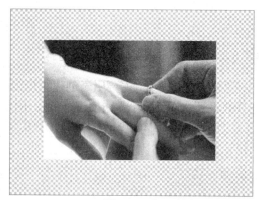

图 4-55　抠取效果

4.2.7　运用"圆角矩形工具"抠图

"圆角矩形工具" ▣ 用来绘制圆角矩形。选取工具箱中的"圆角矩形工具" ▣，在工具属性栏的"半径"文本框中可设置圆角半径。下面介绍运用圆角矩形工具抠图的操作方法。

Step 01 打开素材图像（素材\第 4 章\画框.psd），如图 4-56 所示。

Step 02 选择"图层 1"图层，选取工具箱中的"圆角矩形工具"，在相应位置创建一个圆角矩形路径，如图 4-57 所示。

Step 03 按【Ctrl + T】组合键，对圆角矩形路径进行适当旋转和调整，如图 4-58 所示，按【Enter】键确认调整。

Step 04 按【Ctrl + Enter】组合键，将路径转换为选区，按【Delete】键删除选区内的图像，并取消选区，抠取图像，如图 4-59 所示。

▶ 专家指点

在运用圆角矩形工具绘制路径时，按住【Shift】键的同时，在图像编辑窗口中单击鼠标左键并拖曳，可绘制一个正圆角矩形；如果按住【Alt】键的同时，在窗口中单击鼠标左键并拖曳，可绘制以起点为中心的圆角矩形。

图 4-56　打开素材图像

图 4-57　创建圆角矩形路径

图 4-58　调整圆角矩形

图 4-59　抠取图像

4.2.8　运用"椭圆工具"抠图

　　运用"椭圆工具" ⬭ 可以绘制椭圆和正圆路径，再转换为选区进行抠图，其使用方法与矩形工具一样，不同之处是几何选项略有区别。下面介绍运用椭圆工具抠图的操作方法。

Step 01 打开素材图像（素材\第 4 章\玫瑰花.jpg），如图 4-60 所示。

Step 02 选取工具箱的"椭圆工具"，在相应位置创建一个椭圆路径，如图 4-61 所示。

图 4-60　打开素材图像

图 4-61　创建椭圆路径

Step 03 按【Ctrl + T】组合键，对路径进行调整，如图 4-62 所示，按【Enter】键确认。

Step 04 按【Ctrl + Enter】组合键，将路径转换为选区，按【Ctrl + J】组合键，拷贝选区内的图像，
建立一个新图层，并隐藏"背景"图层，如图 4-63 所示。

图 4-62　调整椭圆形

图 4-63　抠取花瓶

4.2.9　运用"多边形工具"抠图

运用"多边形工具" ⬡ 绘制路径形状时，始终会以鼠标单击位置为中心点，并且随着鼠标移动而改变多边形的大小。下面介绍运用多边形工具抠图的操作方法。

Step 01 打开素材图像（素材\第 4 章\烟花.jpg），如图 4-64 所示。

Step 02 选取工具箱中的"多边形工具"，在工具属性栏中单击"几何选项"下拉按钮，在弹出的
"多边形选项"面板中，依次选中 3 个复选框，设置"边"数为 5，如图 4-65 所示。

图 4-64　打开素材图像

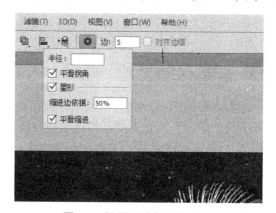

图 4-65　设置"边"数为 5

▶ **专家指点**

在"多边形选项"面板中，各选项介绍如下所述。

➢ 半径：设置多边形或星形的半径长度，此后单击并拖动鼠标时将创建指定半径值
的多边形或星形。

➢ 平滑拐角：创建具有平滑拐角的多边形和星形。

➢ 星形：选中该选项可以创建星形。在"缩进边依据"选项中可以设置星形边缘向
中心缩进的数量，该值越高，缩进量越大。

Step 03 依次在相应位置单击并拖动鼠标，创建多个多边形路径，如图 4-66 所示。

Step 04　按【Ctrl + Enter】组合键，将路径转换为选区，按【Ctrl + J】组合键，拷贝选区内的图像，建立一个新图层，并隐藏"背景"图层，抠取烟花，如图 4-67 所示。

图 4-66　创建多个多边形路径

图 4-67　抠取烟花

4.3　运用高级工具抠图

除了上述介绍的多种抠图工具与命令外，还有一些比较常用的抠图方法，如钢笔工具抠图、通道抠图以及蒙版抠图等，这些属于高级的抠图技巧，希望读者熟练掌握本节内容。

4.3.1　运用"钢笔工具"绘制路径抠图

"钢笔工具" 可以创建直线和平滑流畅的曲线，形状的轮廓称为路径，通过编辑路径的锚点，可以很方便地改变路径的形状。下面介绍运用钢笔工具绘制路径抠图的操作方法。

Step 01　打开两幅素材图像〔素材\第 4 章\美女相框(1).jpg、美女相框(2).jpg〕，如图 4-68 所示。

Step 02　在工具箱中选取"钢笔工具" ，如图 4-69 所示。

图 4-68　打开素材图像

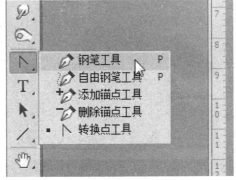

图 4-69　选取"钢笔工具"

Step 03　在"美女相框 (2)"图像编辑窗口中，在按住【Shift】键的同时，单击鼠标左键，创建一条直线路径，如图 4-70 所示。

Step **04** 用与上同样的方法，在按住【Shift】键的同时，依次单击鼠标左键，创建其他的路径，如图 4-71 所示。

图 4-70　创建路径　　　　　　　　　　　　图 4-71　创建其他路径

Step **05** 单击"窗口"｜"路径"命令，展开"路径"面板，单击"将路径作为选区载入"按钮 ⊞，如图 4-72 所示，转换选区。

Step **06** 选择"美女相框 (1)"图像为当前图像编辑窗口，选取矩形选框工具，在图像编辑窗口中创建选区，如图 4-73 所示。

图 4-72　单击"将路径作为选区载入"按钮　　　　图 4-73　创建选区

Step **07** 单击"编辑"｜"拷贝"命令，复制选区，在"美女相框 (2)"图像窗口中，单击"编辑"｜"选择性粘贴"｜"贴入"命令，如图 4-74 所示。

Step **08** 执行操作后，即可将复制的图像粘贴至选区中，效果如图 4-75 所示。

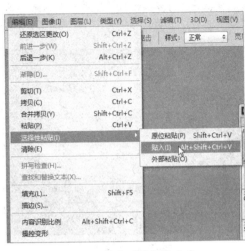

图 4-74 单击"贴入"命令

图 4-75 将复制的图像粘贴到选区

4.3.2 运用调整通道对比抠图

在进行抠图时，有些图像与背景过于相近，从而抠图不是那么方便，此时可以利用"通道"面板，结合其他命令对图像进行适当调整。下面介绍运用调整通道对比抠图的操作方法。

Step 01 打开素材图像（素材\第 4 章\荷花.jpg），如图 4-76 所示。

Step 02 展开"通道"面板，分别单击来查看通道显示效果，拖动"红"通道至面板底部的"创建新通道"按钮 🖬 上，复制一个通道，如图 4-77 所示。

图 4-76 打开素材图像

图 4-77 复制通道

> ▶ 专家指点
>
> 在"通道"面板中，单击各个通道进行查看，要注意查看哪个通道的花朵边缘更加清晰，以便于抠图。

Step 03 确定选择复制的"红拷贝"通道，单击"图像"|"调整"|"亮度/对比度"命令，弹出"亮度/对比度"对话框，设置各参数，如图 4-78 所示。

Step **04** 选取"快速选择工具" ，设置画笔大小为 80px，在花朵上拖动鼠标创建选区，如果有
多余的部分，可以单击工具属性栏的"从选区减去"按钮 ，将画笔调小，减去多余的
部分，如图 4-79 所示。

图 4-78 调整亮度/对比度　　　　　　　　　　　图 4-79 创建选区

▶ **专家指点**

除了运用上述方法复制通道外，用户还可以在选中某个通道后，单击鼠标右键，在弹
出的快捷菜单中选择"复制通道"选项。

Step **05** 在"通道"面板中单击 RGB 通道，退出通道模式，返回到 RGB 模式，如图 4-80 所示。

Step **06** 按【Ctrl + J】组合键，拷贝一个新图层，并隐藏"背景"图层，效果如图 4-81 所示。

图 4-80 返回 RGB 模式　　　　　　　　　　图 4-81 拷贝新图层并隐藏背景图层

4.3.3 运用快速蒙版进行抠图

一般使用"快速蒙版"模式都是从选区开始的，然后从中添加或者减去选区，以建立蒙
版。使用快速蒙版可以通过绘图工具进行调整，以便创建复杂的选区。下面介绍运用快速蒙
版进行抠图的操作方法。

Step **01** 打开素材图像（素材\第 4 章\牵手.jpg），如图 4-82 所示。

Step 02 在"路径"面板中，选择"工作路径"，按【Ctrl + Enter】组合键，将路径转换为选区，如图 4-83 所示。

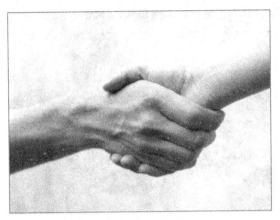

图 4-82　打开素材图像

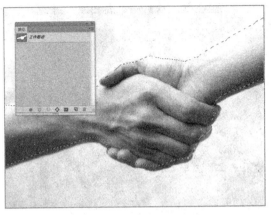

图 4-83　将路径转换为选区

> ▶ 专家指点
>
> 　　快速蒙版的特点是与绘图工具结合起来创建选区，比较适用于对选择要求并不是很高的情况。

Step 03 在左侧工具箱底部，单击"以快速蒙版模式编辑"按钮 □，启用快速蒙版，如图 4-84 所示，适当放大图像，可以看到红色的保护区域，并可以看到物体多选的区域。

Step 04 选择"画笔工具" ，设置画笔"大小"为 20px、"硬度"为 100%，单击"设置前景色"按钮，弹出"拾色器（前景色）"对话框，设置前景色为白色，在多选区域拖曳鼠标，进行适当擦除，如图 4-85 所示。

图 4-84　启用快速蒙版

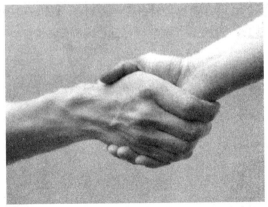

图 4-85　擦除多选区域

> ▶ 专家指点
>
> 　　在编辑快速蒙版时，可以使用黑、白或者灰色等颜色来编辑蒙版选区效果。一般常用修改蒙版的工具为"画笔工具" 和"橡皮擦工具" 。使用"橡皮擦工具" 修改蒙版时，前景色与背景色的设置与"画笔工具" 正好相反。

Step 05 继续拖动鼠标，擦除相应的区域，以减选该红色区域，如图 4-86 所示。

Step 06 在左侧工具箱底部，单击"以标准模式编辑"按钮 ，退出快速蒙版模式，按【Ctrl + J】组合键，拷贝一个新图层，并隐藏"背景"图层，抠图效果如图 4-87 所示。

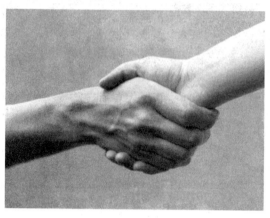

图 4-86　继续擦除多选区域

图 4-87　抠图效果

▶ **专家指点**

此外，按【Q】键可以快速启用或者退出快速蒙版模式。

4.3.4　运用剪贴蒙版进行抠图

剪贴蒙版可以将一个图层中的图像剪贴至另一个图像的轮廓中，从而不会影响图像的源数据，创建剪贴蒙版后，还可以拖动被剪贴的图像，调整其位置。下面介绍运用剪贴蒙版进行抠图的操作方法。

Step 01 打开两幅素材图像（素材\第 4 章\单车回忆.jpg、单车回忆.psd），如图 4-88 所示。

Step 02 切换至"单车回忆.jpg"图像编辑窗口中，按【Ctrl + A】组合键，全选图像，效果如图 4-89 所示。

图 4-88　打开素材图像

图 4-89　全选图像

Step 03 按【Ctrl + C】组合键，复制图像，切换至"单车回忆.psd"图像编辑窗口中，按【Ctrl + V】组合键，粘贴图像，按【Ctrl + T】组合键，调整图像大小、角度和位置，如图 4-90 所示。

Step 04 单击"图层"|"创建剪贴蒙版"命令，效果如图 4-91 所示。

图 4-90 粘贴并调整图像　　　　　　　图 4-91 单击"创建剪贴蒙版"命令

▶ 专家指点

　　单击"图层"|"释放剪贴蒙版"命令，即可从剪贴蒙版中释放出该图层，如果该图层上面还有其他内容图层，则这些图层也会一同释放。

Step 05 执行上述操作后，即可创建剪贴蒙版，最终效果如图 4-92 所示。

图 4-92 最终效果

本章小结

　　本章主要介绍了平面设计中的各种抠图技巧。首先介绍了运用魔棒工具与命令抠图，如"反向"命令、"色彩范围"命令以及"选取相似"命令等；然后介绍了运用选框与路径工具

平面设计综合教程

抠图，主要包括矩形选框工具、椭圆选框工具、套索工具、矩形工具以及多边形工具等；最后介绍了一些高级的抠图技巧，如使用钢笔工具抠图、通道抠图以及蒙版抠图等。

通过本章的学习，读者可以掌握一系列的抠图技巧，快速对图像进行合成操作，制作出丰富多彩的平面设计效果。

课后习题

鉴于本章知识的重要性，为了帮助读者更好地掌握所学知识，本节将通过上机习题，帮助读者进行简单的知识回顾和补充。

本习题需要掌握使用套索工具抠图并合成图像的方法，素材（素材\第 4 章\课后习题.psd）与效果（效果\第 4 章\课后习题.psd）如图 4-93 所示。

图 4-93　素材与效果

第 5 章　Illustrator CC 基本操作

【本章导读】

　　Illustrator 是 Adobe 公司开发的工业标准矢量绘图软件，广泛应用于平面广告设计和网页图形设计领域，功能非常强大，无论对新手还是对插画家来说，它都能提供所需的工具，从而获得专业的质量效果。本章主要介绍 Illustrator CC 软件的基本操作，为后面的学习打下坚实的基础。

【本章重点】

- ➢ 掌握 Illustrator CC 软件操作
- ➢ 掌握图形文件的基本操作
- ➢ 使用图形的多种显示方式
- ➢ 运用辅助工具管理图形文件

5.1　Illustrator CC 软件操作

　　安装与卸载 Illustrator CC 前，用户应先关闭正在运行的所有应用程序，包括其他 Adobe 应用程序、Microsoft Office 和浏览器窗口。安装好 Illustrator CC 软件后，用户还要掌握启动与退出 Illustrator CC 软件的方法，熟练掌握软件的基本操作。

5.1.1　安装 Illustrator CC 软件

　　Illustrator CC 是一款大型矢量图形制作软件，同时也是一个大型的工具软件包，对于不经常使用软件的用户，建议认真阅读实战中的安装介绍，以便在日后的使用中了解软件的安装步骤。下面介绍安装 Illustrator CC 的操作方法。

Step 01 进入 Illustrator CC 安装文件夹，选择 Illustrator CC 安装程序，如图 5-1 所示。

Step 02 在 Illustrator CC 安装程序上单击鼠标右键，在弹出的快捷菜单中选择"打开"选项，如图 5-2 所示。

Step 03 执行操作后，弹出对话框，系统提示正在初始化安装程序，并显示初始化安装进度，如图 5-3 所示。

Step 04 待程序初始化完成后，即可进入"欢迎"界面，在下方单击"试用"按钮，如图 5-4 所示。

图 5-1　进入 Illustrator CC 安装文件夹

图 5-2　选择"打开"选项

图 5-3　显示初始化安装进度

图 5-4　单击"试用"按钮

Step 05 执行操作后，进入"需要登录"界面，如图 5-5 所示，单击"登录"按钮。

Step 06 此时，界面中提示无法连接到 Internet，单击界面下方的"以后登录"按钮，如图 5-6 所示。

图 5-5　"需要登录"界面

图 5-6　单击"以后登录"按钮

Step 07 进入"Adobe 软件许可协议"界面，如图 5-7 所示，在其中请用户仔细阅读许可协议条款的内容，然后单击"接受"按钮。

Step 08 进入"选项"界面，如图 5-8 所示，在上方面板中选中需要安装的软件复选框，在界面下方，单击"位置"右侧的按钮 。

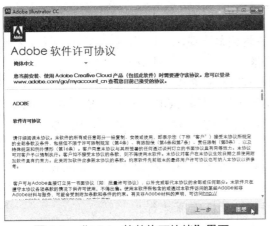

图 5-7　"Adobe 软件许可协议"界面

图 5-8　"选项"界面

Step 09 执行操作后,弹出"浏览文件夹"对话框,如图 5-9 所示,在其中选择 Illustrator CC 软件需要安装的位置,设置完成后,单击"确定"按钮。

Step 10 返回"选项"界面,在"位置"下方显示了刚设置的软件安装位置,如图 5-10 所示。

图 5-9　"浏览文件夹"对话框

图 5-10　显示软件安装位置

Step 11 单击"安装"按钮,开始安装 Illustrator CC 软件,显示软件安装进度,如图 5-11 所示。

Step 12 稍等片刻,待软件安装完成后,进入"安装完成"界面,如图 5-12 所示,单击"关闭"按钮,即可完成 Illustrator CC 软件的安装操作。

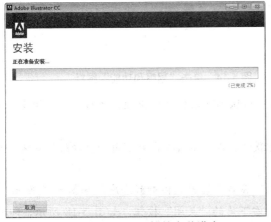

图 5-11　显示软件安装进度

图 5-12　"安装完成"界面

▶ **专家指点**

在 Windows 系统中，Illustrator CC 的安装要达到如下要求。

➤ Intel Pentium 4 或 AMD Athlon 64 处理器。

➤ Microsoft Windows 7 含 Service Pack 1、Windows 8 或 Windows 8.1。

➤ 32 位需要 1GB 的内存（建议使用 3GB）；64 位需要 2GB 的内存（建议使用 8GB）

➤ 在 2GB 的可用硬盘空间上进行安装，安装期间需要额外可用空间（无法安装在可抽换快闪储存装置上）

➤ 1024×768 显示器（建议使用 1280×800）。若要以 HiDPI 模式检视 Illustrator，用户的屏幕必须支持 1920×1080 以上的分辨率。若要在 Illustrator 中使用新的触控工作区，用户必须使用执行 Windows 8.1 且有触控屏幕的平板计算机/屏幕才行。

➤ 必须具备宽带网络连接并完成注册，才能激活软件、验证会籍并获得在线服务。

5.1.2 卸载 Illustrator CC 软件

当用户不需要再使用 Illustrator CC 软件时，可以将 Illustrator CC 进行卸载操作，以提高计算机的运行速度。下面介绍卸载 Illustrator CC 的操作方法。

Step 01 打开 Windows 菜单，单击"控制面板"命令，如图 5-13 所示。

Step 02 打开"控制面板"窗口，单击"程序和功能"图标，如图 5-14 所示。

图 5-13 单击"控制面板"命令 　　　图 5-14 单击"程序和功能"图标

Step 03 在弹出的"卸载或更改程序"窗口中选择 Adobe Illustrator CC 选项，然后单击"卸载"按钮，如图 5-15 所示。

Step 04 在弹出的"卸载选项"窗口中选中需要卸载的软件，然后单击右下角的"卸载"按钮，如图 5-16 所示。

Step 05 执行操作后，系统开始卸载，进入"卸载"窗口，显示软件卸载进度，如图 5-17 所示。

Step 06 稍等片刻，弹出"卸载完成"窗口，单击右下角的"关闭"按钮，如图 5-18 所示，即可完成软件卸载。

图 5-15　单击"卸载"按钮

图 5-16　单击"卸载"选项

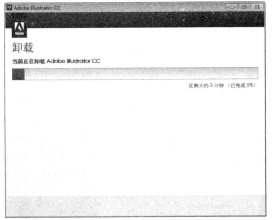

图 5-17　显示软件卸载进度

图 5-18　单击"关闭"按钮

5.1.3　启动 Illustrator CC 软件

当用户将 Illustrator CC 安装至计算机之后，接下来详细介绍启动 Illustrator CC 的操作方法，主要包括 3 种，通过桌面图标启动、通过"开始"菜单启动和通过"AI"格式的 Illustrator CC 源文件来启动软件。

1. 从桌面图标启动程序

在使用 Illustrator CC 绘图之前，首先需要启动软件程序，以便进行下一步的操作。下面介绍启动 Illustrator CC 软件的操作方法。

移动鼠标指针至桌面上的 Illustrator CC 快捷图标 上，双击鼠标左键，如图 5-19 所示；执行操作后，将弹出 Illustrator 启动界面，显示程序启动信息，如图 5-20 所示。

图 5-19　双击桌面图标

图 5-20　进入启动界面

2. 从"开始"菜单启动程序

当 Illustrator CC 成功安装之后，该软件的程序会存在于计算机的"开始"菜单中，此时用户可以通过"开始"菜单来启动 Illustrator CC。

在 Windows 桌面上，单击"开始"菜单，如图 5-21 所示；在弹出的菜单中找到 Illustrator CC 软件文件夹，单击 Adobe Illustrator CC，如图 5-22 所示。执行操作后，即可启动 Illustrator CC 应用软件，进入软件工作界面。

图 5-21　单击"开始"菜单

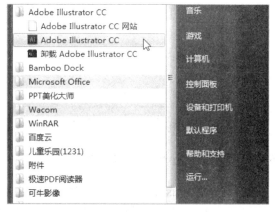

图 5-22　启动 Illustrator CC

3. 从"AI"文件启动程序

"AI"格式是 Illustrator CC 软件存储时的源文件格式，在该源文件上双击鼠标左键，或单击鼠标右键，选择"打开"选项，都可以快速启动 Illustrator CC 应用软件。

选择需要打开的项目文件，双击鼠标左键，如图 5-23 所示；执行操作后，即可启动 Illustrator CC，进入 Illustrator CC 工作界面，如图 5-24 所示。

图 5-23　双击项目文件

图 5-24　进入工作界面

5.1.4　退出 Illustrator CC 软件

在 Illustrator CC 完成绘图之后，若用户不再需要该程序，可以采用以下方法退出程序。

1. 使用 "退出" 命令退出程序

在 Illustrator CC 中，使用 "文件" 菜单下的 "退出" 命令，可以退出 Illustrator CC 应用软件。进入 Illustrator CC 的工作界面后，单击 "文件" | "退出" 命令，如图 5-25 所示；若在工作界面中进行了部分操作，在退出该软件时，将会弹出信息提示框，如图 5-26 所示。单击图中的 "是" 按钮，将保存文件；单击 "否" 按钮，将不保存文件；单击 "取消" 按钮，将不退出 Illustrator CC 程序。

图 5-25　单击 "退出" 命令

图 5-26　弹出信息提示框

2. 使用 "关闭" 按钮退出程序

用户编辑完文件后，一般都会采用 "关闭" 按钮的方法退出 Illustrator CC 应用软件，该方法是最简单、最方便的。

单击 Illustrator CC 应用程序窗口右上角的 "关闭" 按钮，如图 5-27 所示，执行操作后，即可快速退出 Illustrator CC 应用软件。

图 5-27　单击"关闭"按钮

3. 使用"关闭"选项退出程序

在 Illustrator CC 中，用户可以使用"关闭"选项退出 Illustrator CC 应用软件。在 Illustrator CC 工作界面左上角的程序图标上 Ai，单击鼠标左键，即可弹出列表框，在其中选择"关闭"选项，如图 5-28 所示，也可以快速退出 Illustrator 应用软件。

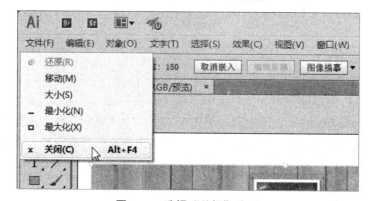

图 5-28　选择"关闭"选项

5.2　图形文件的基本操作

本节主要介绍图形文件的基本操作方法，如新建图形文件、打开图形文件、置入图形文件、导出图形文件以及还原和恢复图形文件等内容。

5.2.1　新建 Illustrator 图形文件

单击"文件"|"新建"命令或按【Ctrl+N】组合键，执行任何一种操作，都会弹出"新建文档"对话框，设置好各参数后，单击"确定"按钮，即可新建一个 Illustrator 文件。下面介绍创建空白文件的方法。

Step 01 在菜单栏中，单击"文件"|"新建"命令，如图 5-29 所示。

Step 02 执行操作后，弹出"新建文档"对话框，如图 5-30 所示。

Step 03 在"新建文档"对话框中单击"高级"左侧的 ▶ 按钮，对话框变成图 5-31 所示的样子。

Step 04 在"配置文件"列表框中，选择"基本 RGB"选项，如图 5-32 所示。

图 5-29　单击"新建"命令

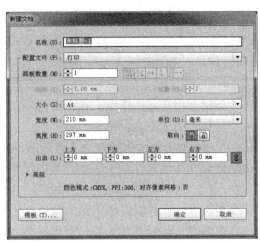

图 5-30　弹出"新建文档"对话框

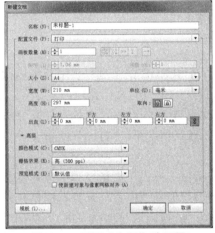

图 5-31　展开"高级"选项区

图 5-32　选择"基本 RGB"选项

Step 05 在"大小"列表框中，选择"800×600"选项；设置"出血"为 10mm；在"栅格效果"列表框中，选择"中（150ppi）"选项，如图 5-33 所示。

Step 06 单击"确定"按钮，即可新建一个空白的 Illustrator 文档，如图 5-34 所示。

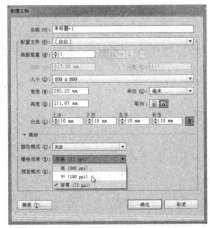

图 5-33　选择"中（150ppi）"选项

图 5-34　新建空白文档

> ▶ 专家指点
>
> 在新建一个文件时，按【Ctrl + Alt + N】组合键，可直接新建文件，而不会打开"新建文档"对话框。

在"新建文档"对话框中，各主要选项的含义如下。

➢   名称：用于定义新文件的名称。

➢   配置文件：在"配置文件"选项的下拉列表中包含了不同输出类型的文档配置文件，每一个配置文件都预先设置了大小、颜色模式、单位、取向、透明度和分辨率等参数。

大小：在"大小"列表框中有多种常用尺寸的选项。

宽度和高度：在其数值框中输入数值，可自定义新建页面的大小。

单位：单击右侧的 ▶ 按钮，在弹出的列表框中包括 pt、派卡、英寸、毫米、厘米等单位，用户可根据需要选择合适的单位。

取向：在其右侧的两个按钮是用来设置页面的显示方向，单击按钮就可以在横向和纵向之间进行切换。

出血：可以指定画板每一侧的出血位置。

➢   颜色模式："颜色模式"列表框中包括 CMYK 和 RGB 两个选项，用户可以根据需要进行选择。设置好之后，单击"确定"按钮，即可打开一个新的文档窗口。

➢   栅格效果：该列表框用于为文档中的栅格效果指定分辨率。准备以较高分辨率输出到高端打印机时，将其设置为"高"选项尤为重要。默认情况下，"打印"配置文件将其设置为"高"。

➢   预览模式：用于为文档设置预览模式。"默认值"模式在矢量视图中以彩色显示在文档中创建的图稿，放大或缩小时将保持曲线的平滑度。"像素"模式显示具有栅格化外观的图稿，它不会对内容进行栅格化，而是显示模拟的预览，就像内容是栅格一样。"叠印"模式提供油墨预览，模拟混合、透明和叠印在分色输出中的显示效果。

➢   使新建对象与像素网格对齐：创建图形时可以让对象自动对齐到像素网格上。

➢   模板：单击该按钮，可以打开"从模板新建"对话框，从模板中创建文档。

5.2.2   打开 Illustrator 图形文件

AI 是 Adobe Illustrator 的专用格式，现已成为业界矢量图的标准，可在 Illustrator、CorelDRAW 和 Photoshop 中打开编辑。在 Photoshop 中打开编辑时，将由矢量格式转换为位图格式。下面介绍打开图形文件的方法。

Step 01 在菜单栏中单击"文件"|"打开"命令，如图 5-35 所示。

Step 02 执行操作后，弹出"打开"对话框，在其中选择需要打开的文件夹，并选择需要打开的文件格式，如图 5-36 所示。

Step 03 在文件区中选定所需的文件（素材\第 5 章\会员卡.ai），如图 5-37 所示。

Step 04 单击"打开"按钮，即可打开 AI 文件，如图 5-38 所示。

图 5-35　单击"打开"命令

图 5-36　选择需要打开的文件格式

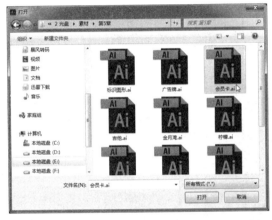

图 5-37　选择素材文件

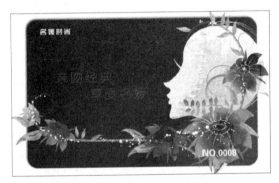

图 5-38　打开 AI 文件

▶ 专家指点

在 Illustrator CC 中，打开文件通常有 3 种方法，分别如下所述。

➢ 快捷键：按【Ctrl + O】组合键。

➢ 命令：单击"文件"|"打开"命令。

➢ 操作：在 Illustrator 窗口的灰色区域双击。

5.2.3　保存 Illustrator 图形文件

保存图稿就是将绘制好的图形保存到计算机硬盘中，以便日后编辑或使用。下面介绍保存图形文件的方法。

Step 01 单击"文件"|"存储为"命令或按【Shift + Ctrl + S】组合键，如图 5-39 所示。

Step 02 弹出"存储为"对话框，如图 5-40 所示，可输入保存的文件名，选择保存的文件格式。

Step 03 单击"保存"按钮，弹出"Illustrator 选项"对话框，选择所要保存的版本，如图 5-41 所示，单击"确定"按钮，即可将文件保存起来。

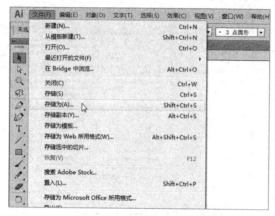

图 5-39 单击"存储为"命令

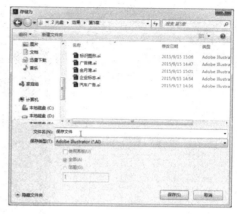

图 5-40 "存储为"对话框

图 5-41 选择所要保存的版本

5.2.4 置入 Illustrator 图形文件

在 Illustrator 中置入图像文件,是指将所选择的文件置入到当前编辑窗口中,然后在 Illustrator 中进行编辑。Illustrator CC 所支持的格式都能通过"置入"命令将指定的图像文件置于当前编辑的文件中。下面介绍置入图形文件的方法。

Step 01 新建一个空白文档,单击"文件"|"置入"命令,弹出"置入"对话框,在其中选择素材图像(素材\第 5 章\吉他.ai),如图 5-42 所示。

Step 02 单击"置入"按钮,即可将素材图像置入于当前文档中,单击控制面板中的"嵌入"按钮即可完成置入操作,如图 5-43 所示。

> ▶ **专家指点**
>
> Illustrator CC 的兼容性十分强大,除了源文件的 AI 格式外,还可以置入 PSD、TIFF、DWG 和 PDF 等格式,而所置入的文件素材将全部置于当前文档中。
>
> 另外,单击"置入"按钮后,在弹出的对话框中选择相应的"类型"选项,再单击"确定"按钮即可。

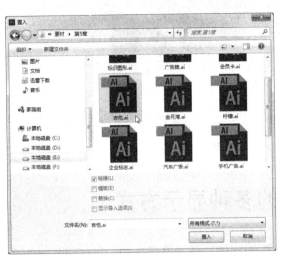

图 5-42　选择素材图像

图 5-43　置入素材图像

5.2.5　导出 Illustrator 图形文件

　　Illustrator 文档能够识别所有通用的文件格式，因此，用户可以将 Illustrator 中创建的文件导出为不同的格式，以便被其他程序使用。下面介绍导出图形文件的方法。

Step 01 打开素材图像（素材\第 5 章\宣传册.ai），如图 5-44 所示。

Step 02 单击"文件"|"导出"命令，弹出"导出"对话框，如图 5-45 所示，可输入导出的文件名，选择导出的文件格式。

图 5-44　打开素材图像

图 5-45　"导出"对话框

Step 03 单击"导出"按钮，弹出"JPEG 选项"对话框，如图 5-46 所示，单击"确定"按钮。

Step 04 执行操作后，即可将文件导出为 JPEG 文件格式，如图 5-47 所示。

图 5-46　"JEPG 选项"对话框

图 5-47　导出为 JPEG 文件

5.3　使用图形的多种显示方式

编辑图稿时，需要经常放大或缩小窗口的显示比例、移动显示区域，以便更好地观察和处理对象。Illustrator CC 提供了缩放工具、"导航器"面板和各种缩放命令，用户可以根据需要选择其中的一项，也可以将多种方法结合起来使用。本节主要介绍使用多种方式显示图形的不同样式。

5.3.1　切换图形显示模式

Illustrator CC 提供了 3 种不同的屏幕显示模式，每一种模式都有不同的优点，用户可以根据不同的情况来进行选择。下面详细介绍切换图像显示模式的操作方法。

Step 01 打开素材图像（素材\第 5 章\向日葵.ai），如图 5-48 所示。

Step 02 单击工具面板上的"屏幕模式"按钮，在弹出的快捷菜单中，选择"带有菜单栏的全屏模式"选项，如图 5-49 所示。

图 5-48　打开素材图像

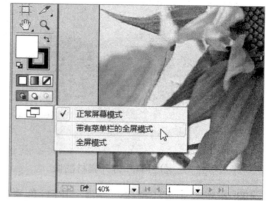

图 5-49　选择"带有菜单栏的全屏模式"选项

Step 03 执行操作后，屏幕即可呈现带有菜单栏的全屏模式，如图 5-50 所示。

Step 04 在"屏幕模式"快捷菜单中，选择"全屏模式"选项，屏幕即可切换成全屏模式显示，如图 5-51 所示。

图 5-50　带有菜单栏的全屏模式

图 5-51　全屏模式

▶ 专家指点

除了运用上述方法切换图像显示以外，还有以下两种方法。

➢ 快捷键：按【F】键，可以在上述 3 种显示模式之间进行切换。

➢ 命令：单击"视图"|"屏幕模式"命令，在弹出的子菜单中可以选择需要的显示模式。

5.3.2　使用"轮廓"显示模式

在 Illustrator CC 中共有 5 种视图显示模式供用户使用，它们分别是"轮廓"显示模式、"GPU 预览"显示模式、"在 CPU 上预览"显示模式、"叠印预览"显示模式和"像素预览"显示模式。另外，用户还可以根据自己所需，创建合适的视图显示模式。

使用轮廓显示模式可以观察工作区中对象的层次，工作区中的轮廓线一目了然，这样将大大地方便用户清除工作区中多余的没有添加填充和轮廓属性的轮廓线，并且这种视图显示模式的显示速度和屏幕刷新速度是最快的。

下面介绍使用"轮廓"显示模式的操作方法。

Step 01 打开素材图像（素材\第 5 章\广告牌.ai），如图 5-52 所示。

Step 02 单击"视图"|"轮廓"命令，如图 5-53 所示。

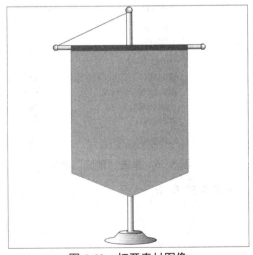

图 5-52　打开素材图像

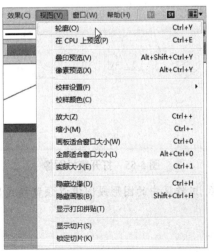

图 5-53　单击"轮廓"命令

Step 03 工作区中的图形或图像以其轮廓线方式显示，如图 5-54 所示。

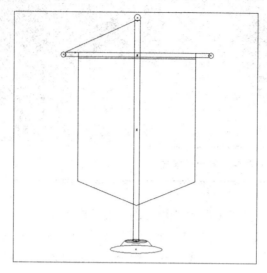

图 5-54 "轮廓"显示模式

5.3.3 使用"预览"显示模式

　　用户在单击"视图"|"轮廓"命令后，图形以"轮廓"显示模式显示图形，若用户想返回最初的"预览"显示模式时，可以单击"视图"|"预览"命令，即可将工作区中的图形或图像以其应用的色彩和填充属性在工作区中显示。下面介绍使用"预览"模式显示图形文件的操作方法。

Step 01 打开素材图像（素材\第 5 章\企业标志.ai），如图 5-55 所示。

Step 02 单击"视图"|"预览"命令，如图 5-56 所示。

图 5-55 打开素材图像

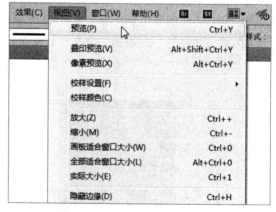

图 5-56 单击"预览"命令

Step 03 工作区中的图形或图像以预览模式显示，如图 5-57 所示。

图 5-57　预览模式

5.3.4　使用"叠印预览"显示模式

　　图形填充颜色并相互叠加时，位于上面的色彩会覆盖位于下面的色彩。这样在印刷过程中，往往会将图形中颜色叠加的位置印刷成两种颜色，从而影响该图形在印刷后应有的色彩效果。因此，用户可以单击"视图"|"叠印预览"命令，预览工作区中图形图像色彩套印后的颜色效果，以便对相应的色彩进行调整。一般使用这种模式显示图形后，图形颜色会比其他视图显示模式暗一些。下面介绍使用"叠印预览"显示模式的操作方法。

Step 01 打开素材图像（素材\第 5 章\金月湾.ai），如图 5-58 所示。

Step 02 单击"视图"|"叠印预览"命令，如图 5-59 所示。

图 5-58　打开素材图像

图 5-59　单击"叠印预览"命令

Step 03 工作区中的图形或图像以叠印预览方式显示，如图 5-60 所示。

图 5-60　叠印预览方式

5.3.5 使用"像素预览"显示模式

使用"像素预览"命令,可将工作区中矢量图形以其位图图像方式显示。下面介绍使用"像素预览"显示模式的操作方法。

Step 01 打开素材图像(素材\第 5 章\标识图形.ai),如图 5-61 所示。

Step 02 单击"视图"|"像素预览"命令,如图 5-62 所示。

图 5-61　打开素材图像

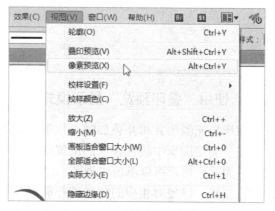

图 5-62　单击"像素预览"命令

Step 03 工作区中的图形或图像以像素预览方式显示,如图 5-63 所示。

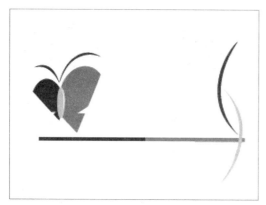

图 5-63　像素预览方式显示

5.4　运用辅助工具管理图形文件

在 Illustrator CC 中,标尺、参考线和网格等都属于辅助工具,它们不能编辑对象,其用途是帮助用户更好地完成编辑任务。

5.4.1 运用标尺

在 Illustrator CC 中,标尺的用途是为当前图形作参照,用于度量图形的尺寸,同时对图形进行辅助定位,使图形的设置或编辑更加方便与准确。

在 Illustrator CC 中，水平与垂直标尺上标有 0 处相交点的位置称为标尺坐标原点，系统默认情况下，标尺坐标原点的位置在工作页面的左下角，当然，用户可以根据自己需要，自行定义标尺的坐标原点。下面介绍运用标尺的操作方法。

Step 01　打开素材图像（素材\第 5 章\汽车广告.ai），如图 5-64 所示。

Step 02　在菜单栏中单击"视图"｜"标尺"｜"显示标尺"命令，如图 5-65 所示。

图 5-64　打开素材图像

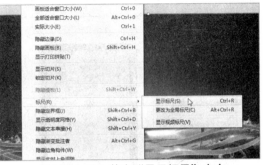

图 5-65　单击"显示标尺"命令

Step 03　执行上述操作后，即可显示标尺，如图 5-66 所示。

Step 04　移动鼠标至水平标尺与垂直标尺的相交处，如图 5-67 所示。

图 5-66　显示标尺

图 5-67　移动鼠标至标尺相交处

Step 05　单击鼠标左键并拖曳至图像编辑窗口中的合适位置，如图 5-68 所示。

Step 06　释放鼠标左键，即可更改标尺原点位置，如图 5-69 所示。

图 5-68　拖曳鼠标至合适位置

图 5-69　更改标尺原点位置

5.4.2 运用参考线

在 Illustrator CC 中，参考线可以建立多条，用户可以根据需要对参考线进行隐藏或显示的操作。下面介绍运用参考线的操作方法。

Step 01 打开素材图像（素材\第 5 章\手机广告.ai），如图 5-70 所示。

Step 02 单击"视图"|"参考线"|"显示参考线"命令，如图 5-71 所示。

图 5-70 打开素材图像

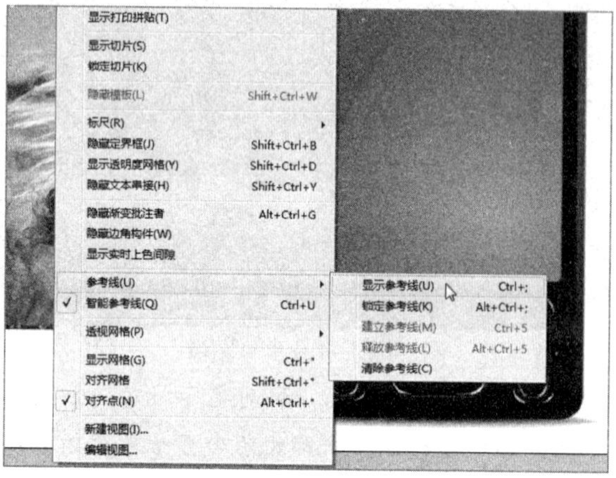

图 5-71 单击"显示参考线"命令

Step 03 执行上述操作后，即可显示参考线，如图 5-72 所示。

Step 04 在菜单栏中，单击"视图"|"参考线"|"隐藏参考线"命令，如图 5-73 所示，即可隐藏参考线。

图 5-72 显示参考线

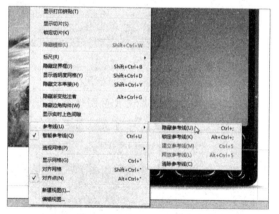

图 5-73 单击"隐藏参考线"命令

5.4.3 运用网格

在 Illustrator CC 中，网格是由一连串的水平和垂直点组成，常用来协助绘制图像时对齐窗口中的任意对象。用户可以根据需要，显示网格或隐藏网格，在绘制图像时使用网格来进行辅助操作。下面介绍运用网格的操作方法。

Step 01　打开素材图像（素材\第 5 章\柠檬.ai），如图 5-74 所示。

Step 02　在菜单栏中单击"视图"｜"显示网格"命令，如图 5-75 所示。

图 5-74　打开素材图像

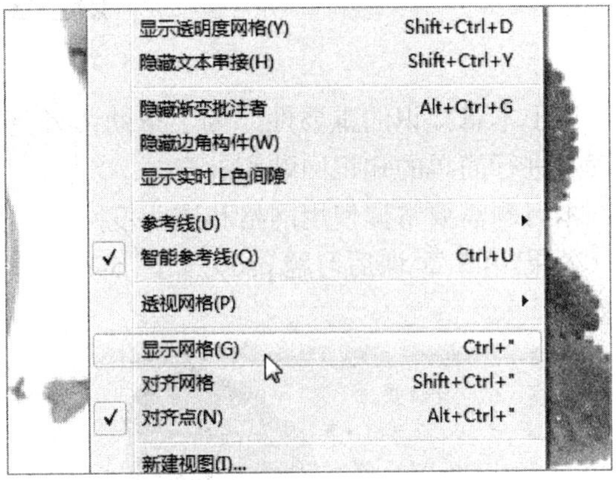

图 5-75　单击"显示网格"命令

Step 03　执行上述操作后，即可显示网格，如图 5-76 所示。

Step 04　在菜单栏中单击"视图"｜"隐藏网格"命令，即可隐藏网格，如图 5-77 所示。

图 5-76　显示网格

图 5-77　隐藏网格

▶ 专家指点

除了使用命令外，按【Ctrl＋'】组合键也可以显示网格，再次按【Ctrl＋'】组合键，则可以隐藏网格。

本章小结

本章主要介绍了 Illustrator CC 软件的基本操作，如安装、卸载、启动与退出 Illustrator CC软件；然后介绍了多种图形文件的基本操作，如新建、打开、保存、置入与导出图形文件；接下来介绍了使用图形的多种显示方式，最后介绍了运用辅助工具管理图形文件的方法，如标尺、参考线以及网格等内容。通过本章的学习，读者可以掌握 Illustrator CC 软件的一些基本操作，为后面的学习奠定良好的基础。

课后习题

鉴于本章知识的重要性，为了帮助读者更好地掌握所学知识，本节将通过上机习题，帮助读者进行简单的知识回顾和补充。

本习题需要掌握使用网格和透明度网格的方法，素材（素材\第 5 章\课后习题.psd）与效果（效果\第 5 章\课后习题.psd）如图 5-78 所示。

图 5-78　素材与效果

第6章 图形绘制与操作技巧

【本章导读】

Illustrator CC 是面向图形绘制的专业绘图软件,提供了丰富的绘图工具,如矩形工具、星形工具、光晕工具以及各种编辑图形的工具等,熟练掌握各种绘图工具的使用技巧,能够绘制出精美的图形,设计出完美的作品。本章主要介绍绘制图形与编辑图形的方法,并进行了系列的案例讲解,希望读者熟练掌握本章内容。

【本章重点】

- ➤ 绘制基本的图形对象
- ➤ 图形对象的基本操作
- ➤ 绘图工具的操作技巧
- ➤ 变形与扭曲图形对象

6.1 绘制基本的图形对象

在 Illustrator CC 中,绘制基本图形的工具主要有"直线段工具" ✏、"矩形工具" ▣、"圆角矩形工具" ▣、"椭圆工具" ●、"星形工具" ★、"多边形工具" ⬣ 等。本节主要介绍绘制基本图形对象的操作方法。

6.1.1 绘制直线段

使用工具面板中的直线段工具可以在图形窗口中绘制直线线段。下面介绍绘制直线段的操作方法。

Step 01 打开素材图像(素材\第 6 章\名片.png),如图 6-1 所示。

Step 02 选取工具面板中的"直线段工具" ✏,设置"描边"为黑色,将鼠标指针移至图像窗口中的合适位置,按住【Shift】键的同时,单击鼠标左键并拖曳鼠标,至合适位置后释放鼠标,即可绘制一条直线段,如图 6-2 所示。

图 6-1 打开素材图像

图 6-2 绘制直线段

▶ 专家指点
在使用直线段工具绘制直线段时，若按住【Ctrl】键，所绘制的直线段为垂直线段。

用户若要绘制精确的线段，可在选取直线段工具的情况下，在图形窗口中单击鼠标左键，此时将弹出"直线段工具选项"对话框，如图6-3所示。

在"直线段工具选项"对话框中，各选项含义如下所述。

➢ 长度：在右侧的文本框中输入数值，可以精确地绘制出一条线段。

➢ 角度：在右侧的文本框中设置不同的角度，Illustrator CC将按照所定义的角度在图形窗口中绘制线段。

➢ 线段填色：当绘制的线段改为折线或曲线后，将以设置的前景色填充。

用户在"直线段工具选项"对话框中设置相应的参数后，单击"确定"按钮，即可绘制出精确的线段，如图6-4所示。

选取工具面板中的直线段工具后，在图形窗口中按住空格键的同时，单击鼠标左键并拖曳，可以移动所绘制线段的位置（该快捷操作对于工具面板中的大多数工具都可使用，因此在其他的工具中，将不再赘述）。

图6-3 "直线段工具选项"对话框

图6-4 绘制的精确线段

下面介绍直线段的3种绘制技巧。

➢ 用户若是按住【Alt】键的同时，在图形窗口中单击鼠标左键并拖曳，则可以绘制由鼠标单击点为中心，向两边延伸的线段。

➢ 用户若是按住【Shift】键的同时，在图形窗口中单击鼠标左键并拖曳，则可以绘制以45°角递增的直线段，如图6-5所示。

图6-5 按住【Shift】键的同时绘制线段

➢　若是按住【～】键的同时，在图形窗口中单击鼠标左键并拖曳，则可以绘制放射式线段，如图 6-6 所示。

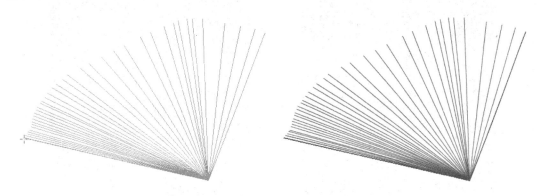

图 6-6　按住【～】键的同时绘制放射式线段

6.1.2　绘制矩形

矩形工具是绘制图形时比较常用的基本图形工具，用户可以通过拖曳鼠标的方法绘制矩形，同时也可通过"矩形"对话框绘制精确的矩形。下面介绍绘制矩形图形的操作方法。

Step 01　打开素材图像（素材\第 6 章\许愿树.ai），如图 6-7 所示。

Step 02　选取工具面板中的"矩形工具" ▣，设置"填色"为深蓝色（#003454），在图像中合适的位置单击鼠标左键，拖曳鼠标至合适位置后，释放鼠标，即可绘制一个矩形，如图 6-8 所示。

图 6-7　打开素材图像　　　　　　　　图 6-8　绘制矩形

Step 03　在矩形和图像的交接区域上绘制一个白色矩形，如图 6-9 所示。

Step 04　使用选择工具，选中第一个绘制的矩形，按【Ctrl + [】组合键，将该矩形下移一层，如图 6-10 所示。

图 6-9　绘制白色矩形　　　　　　　　　　　　图 6-10　矩形下移

┌───┐
▶ 专家指点

　　用户在绘制矩形图形时，若按住【Shift】键的同时，可以绘制正方形图形；按住【Alt】键的同时，可以绘制出以起始点为中心，向四周延伸的矩形图形；若按住【Alt + Shift】组合键的同时，将以鼠标单击点为中心点，向四周延伸，绘制一个正方形图形。
└───┘

　　用户若要精确地绘制矩形图形，可在选取该工具的情况下，在图形窗口中单击鼠标左键，此时将弹出"矩形"对话框，如图 6-11 所示。

图 6-11　"矩形"对话框

在"矩形"对话框中，各选项含义如下所述。

➤　宽度：用于设置矩形的宽度。

➤　高度：用于设置矩形的高度。

6.1.3　绘制圆角矩形

　　使用圆角矩形工具可以绘制出带有圆角的矩形图形，下面介绍绘制圆角矩形的方法。

Step 01　打开素材图像（素材\第 6 章\书路文化.png），如图 6-12 所示。

Step 02　选取工具面板中的"圆角矩形工具"，设置"填色"为深蓝色（#003CF9），在窗口中单击鼠标左键，弹出"圆角矩形"对话框，如图 6-13 所示，设置"宽度"为 160 mm、"高度"为 200 mm、"圆角半径"为 5 mm。

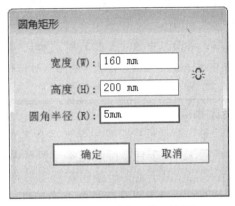

图 6-12　打开素材图像　　　　　　图 6-13　"圆角矩形"对话框

Step03　单击"确定"按钮，即可绘制出一个指定大小和圆角半径的圆角矩形，如图 6-14 所示。

Step04　使用选择工具选中所绘制的圆角矩形，并将圆角矩形移至素材图像的中央，按两次
　　　　【Ctrl + [】组合键，即可调整图形之间的位置，如图 6-15 所示。

图 6-14　圆角矩形　　　　　　　　图 6-15　调整图形位置

▶ 专家指点

利用圆角矩形工具绘制圆角矩形时，还有以下使用技巧。

➤ 用户运用圆角矩形工具绘制图形时，若按住【Shift】键，将绘制一个正方形圆角
　矩形。

➤ 若按住【Alt】键，将以鼠标单击点为中心向四周延伸绘制圆角矩形。

➤ 若按【Shift + Alt】组合键，将以鼠标单击点为中心向四周延伸，绘制一个正方形
　圆角矩形。

➤ 若按【Alt + ~】组合键，将以鼠标单击点为中心，绘制多个大小不同的圆角矩形。

6.1.4 绘制星形

使用星形工具可以快速地绘制各种角数、宽度的星形图形。下面介绍绘制星形的方法。

Step 01 打开素材图像（素材\第 6 章\卡通人物.ai），如图 6-16 所示。

Step 02 选取工具面板中的"星形工具" ☆ ，设置"填充"为"黄色"（#FFF100），在图像窗口中单击鼠标左键，弹出"星形"对话框，如图 6-17 所示，设置"半径 1"为 5mm、"半径 2"为 1mm、"角点数"为 4。

▶ **专家指点**

在"星形"对话框中，各主要选项含义如下。

➢ 半径 1：用于定义所绘制星形图形内侧点至星形中心点的距离。

➢ 半径 2：用于定义所绘制星形图形外侧点至星形中心点的距离。

➢ 角点数：用于定义所绘制星形图形的角数。

图 6-16　打开素材图像

图 6-17　"星形"对话框

Step 03 单击"确定"按钮，即可绘制一个指定大小的四角星形，如图 6-18 所示。

Step 04 用与上同样的方法，可以绘制多个大小不同的星形图形，图像效果如图 6-19 所示。

图 6-18　绘制指定大小的星形

图 6-19　图像效果

┌───┐
│ ▶ 专家指点   │
│ 　　用户在使用星形工具绘制星形图形时，若按【↑】键，绘制的图形将随着鼠标的拖曳 │
│ 逐渐地增加边数；若按【↓】键，绘制的图形将随着鼠标的拖曳逐渐地减少边数；若按【~】 │
│ 键，单击鼠标左键并向不同的方向拖曳鼠标，将绘制出多个重叠的不同大小的星形，使之 │
│ 产生特殊的效果。   │
└───┘

6.1.5　绘制椭圆

　　使用椭圆工具可以快速地绘制一个任意半径的圆或椭圆。下面介绍绘制椭圆的方法。

Step 01 打开素材图像（素材\第 6 章\蛋糕.ai），选取工具面板中的"椭圆工具" ⬭，在控制面板上设置"填色"为"灰色"（#B5B5B6），将鼠标指针移至图像中的合适位置，如图 6-20 所示。

Step 02 单击鼠标左键并向右下方拖曳，即可显示出一个椭圆形的蓝色路径，如图 6-21 所示。

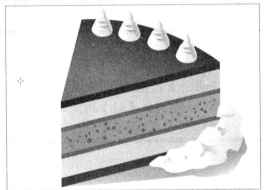

图 6-20　打开素材图像

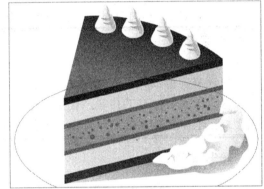

图 6-21　绘制椭圆形

Step 03 释放鼠标后，即可绘制一个灰色椭圆图形，按【Shift + Ctrl + [】组合键，将该图形移至图像窗口的最底层，如图 6-22 所示。

Step 04 用与上同样的方法，绘制其他的椭圆图形，并调整图形在图像窗口中的位置，如图 6-23 所示。

图 6-22　调整图形位置

图 6-23　绘制椭圆形

　　若要精确地绘制椭圆图形，可在选取该工具的情况下，在图形窗口中单击鼠标左键，此时将弹出"椭圆"对话框，如图 6-24 所示。

图 6-24　"椭圆"对话框

该工具面板中的选项含义如下所述。

➤　宽度：用于设置椭圆图形的宽度。

➤　高度：用于设置椭圆图形的高度。

使用工具面板中的椭圆工具绘制椭圆图形时，若按住【Shift】键，可绘制一个正圆图形；若按住【Alt】键，将以鼠标单击点为中心向四周延伸，绘制一个椭圆图形；若按住【Shift＋Alt】组合键，将以鼠标点为中心向四周延伸，绘制一个正圆图形；若按住【Alt＋～】组合键，将以鼠标单击点为中心向四周延伸，绘制多个椭圆图形。

> ▶ 专家指点
>
> 　　在许多软件的工具面板中，若某些工具图标的右下角有一个黑色的小三角形，则表示该工具中还有其他工具，通常称之为工具组，如几何工具组里就包括矩形工具、圆角矩形工具、椭圆工具和星形工具等。若要进行工具之间的切换，则按住【Alt】的同时，再在该工具图标上单击鼠标左键，即可在各工具之间进行切换。

6.1.6　绘制多边形

使用多边形工具可以快速绘制指定边数的正多边形，绘制的边数可以是 3～1000 中任意的整数，下面介绍绘制多边形的操作方法。

Step 01 打开素材图像（素材\第 6 章\企业标志.png），如图 6-25 所示。

Step 02 选取工具面板中的"多边形工具" ，设置"描边"为黑色，将鼠标移至图像窗口中，单击鼠标左键，弹出"多边形"对话框，如图 6-26 所示，设置"半径"为 75 mm、"边数"为 11。

图 6-25　打开素材图像

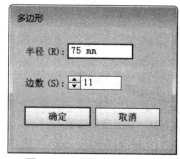

图 6-26　"多边形"对话框

Step 03　单击"确定"按钮，即可绘制出一个指定大小和边数的多边形，如图 6-27 所示。

Step 04　使用选择工具选中所绘制的多边形，按两次【Ctrl + [】组合键，将该图形下移两层，效果如图 6-28 所示。

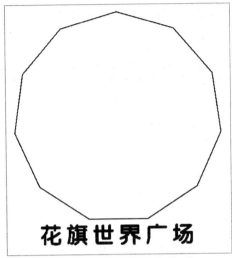
图 6-27　绘制的多边形

图 6-28　调整图形之间的位置

6.1.7　绘制螺旋线

螺旋线是一种平滑、优美的曲线，可以构成简洁漂亮的图案。下面介绍绘制螺旋线的操作方法。

Step 01　打开素材图像（素材\第 6 章\闹钟.ai），如图 6-29 所示。

Step 02　选取工具面板中的"螺旋线工具"，在控制面板上，按住【Shift】键的同时，单击描边颜色块右侧的下三角按钮，在弹出的色彩面板中选择"白色"，设置螺旋线的"描边粗细"为 4pt，将鼠标移至图像窗口中，单击鼠标左键，弹出"螺旋线"对话框，如图 6-30 所示，设置"半径"为 70 mm、"衰减"为 95%、"段数"为 60，选中"逆时针"样式。

图 6-29　打开素材图像

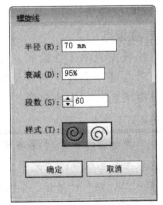
图 6-30　"螺旋线"对话框

> ▶ 专家指点
>
> 在"螺旋线"对话框中，各主要选项含义如下所述。
>
> ➤ 半径：用于设置螺旋线最外侧的点至中心点的距离。
> ➤ 衰减：用于设置螺旋线中每个旋转圈相对于里面旋转圈的递减曲率。
> ➤ 段数：用于设置螺旋线中的段数组成。
> ➤ 样式：用于设置螺旋线是按顺时针绘制还是按逆时针进行绘制。

Step 03 单击"确定"按钮，即可绘制一个指定大小的螺旋线，使用选择工具移动所绘制螺旋线的位置，如图 6-31 所示。

Step 04 选中所绘制的螺旋线，按【Ctrl + [】组合键，调整螺旋线在图像中的位置，在控制面板上设置"不透明度"为 30%，效果如图 6-32 所示。

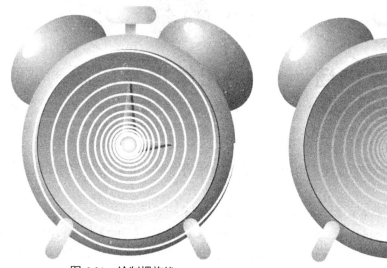

图 6-31　绘制螺旋线　　　　　　　　　　图 6-32　设置透明度效果

6.1.8　绘制光晕图形

使用光晕工具可以绘制出具有带光辉闪耀效果的图形。该图形具有明亮的中心、晕轮、射线和光圈，若在其他图形对象上使用，会获得类似镜头眩光的特殊效果。下面将对该工具的操作方法与技巧进行详细地介绍。

> ▶ 专家指点
>
> 用户在使用光晕工具绘制光晕效果时，若按【↑】键，所绘制的光晕效果的放射线数量增加；若按【↓】键，则逐渐减少光晕效果的放射线数量；若按【Shift】键，将约束所绘制光晕效果的放射线的角度；若按【Ctrl】键，将改变所添加光晕效果的中心点与光环之间的距离。

Step 01 打开素材图像（素材\第 6 章\光晕效果.ai），如图 6-33 所示。

Step 02 选取工具面板中的"光晕工具" ，将鼠标移至图像窗口中，单击鼠标左键，弹出"光晕工具选项"对话框，如图 6-34 所示，设置"直径"为 80pt、"不透明度"为 60%、"亮度"为 30%。

图 6-33　打开素材图像

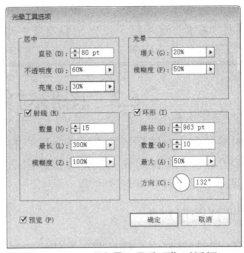

图 6-34　"光晕工具选项"对话框

Step 03 单击"确定"按钮，即可绘制一个光晕图形，如图 6-35 所示。

Step 04 选取工具面板中的选择工具选中光晕，适当调整其位置，效果如图 6-36 所示。

图 6-35　绘制光晕图形

图 6-36　调整其位置

▶ **专家指点**

该"光晕工具选项"对话框中，各主要选项含义如下所述。

➢ "居中"选项区：该选项区中的"直径"选项用于设置光晕中心点的直径；"不透明度"选项用于设置光晕中心点的透明度；"亮度"选项用于设置光晕的明暗强弱程度。

➢ "光晕"选项区：该选项区中的"增大"选项用于设置光晕效果的发光程度；"模糊度"选项用于设置光晕效果中光晕的柔和程度。

➢ "射线"选项区：该选项区中的"数量"用于设置光晕效果中放射线的数量；"最长"选项用于设置放射线的长度；"模糊度"选项用于设置放射线的密度。

> ➤ "环形"选项区：该选项区中的"路径"用于设置光晕效果中心与末端的距离；
> "数量"选项用于设置光晕效果中光环的数量；"最大"选项用于设置光晕效果中
> 光环的最大比例；"方向"选项用于设置光晕效果的发射角度。

6.2　图形对象的基本操作

有时候绘制出来的图形并不能满足用户的要求，有可能需要对图形对象进行编辑与修改，本节主要介绍一系列的对图形的基本操作方法，如选择图形、移动图形、编组图形、排列图形、镜像图形以及裁剪图形等内容。

6.2.1　选择图形对象

在任何一种软件中，选择对象是使用频率最高的操作。在操作过程中，不论是修改对象还是删除对象，都必须先选择相应的对象，才能对对象进行进一步操作。因此，选择对象是一切操作的前提。在 Illustrator CC 中，选择工具是最常用也是最简单的选择类工具。下面将对这个工具的操作方法与使用技巧进行详细地介绍。

> ▶ **专家指点**
>
> 通常情况下，使用选择工具选择图形时，在选择第一个图形后，若需要再次添加或去掉一些选择图形，其操作方法是按住【Shift】键的同时，然后再单击已经选择的图形，则会将已经选择的图形对象进行取消选择。另外，用户若需要选择一个未填充的图形，可以运用鼠标指针单击该图形的外框轮廓将其选中；若选择一个已填充的图形，可用直接运用鼠标在该图形的任何区域单击鼠标，以将其选中。用户在使用选择工具选择图形时，若按住【Shift】键，则可以加选图形（选择多个图形）。

Step 01 打开素材图像（素材\第 6 章\杯子.ai），使用"选择工具" ▮▸ 在需要选择的图形上单击鼠标左键，即可选中该对象，如图 6-37 所示。

Step 02 拖曳鼠标至合适位置后，释放鼠标左键，即可改变所选对象的位置，图像效果如图 6-38 所示。

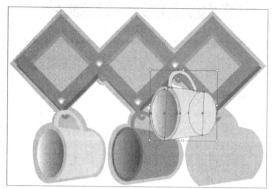

图 6-37　选择图形

图 6-38　改变图形位置

6.2.2　移动图形对象

移动是 Illustrator 中最基本的操作技能之一，使用选择工具选取对象后，按下【←】【↓】【→】【↑】键，可以将所选对象沿相应方向轻微移动 1 个点的距离。如果同时按住方向键和【Shift】键，则可以移动 10 个点的距离。下面介绍移动图形对象的操作方法。

Step 01 打开素材图像（素材\第 6 章\圣诞帽.ai），如图 6-39 所示。

Step 02 在当前图形窗口中选择相应对象，如图 6-40 所示。

图 6-39　打开素材图像

图 6-40　选择相应对象

▶ **专家指点**

使用选择工具选择对象，在"变换"面板或"控制"面板的 X（代表水平位置）和 Y（代表垂直位置）文本框中输入相应数值，按下回车键即可移动对象。

Step 03 单击对象并按住鼠标左键拖曳，如图 6-41 所示。

Step 04 至合适位置后，释放鼠标左键，即可将其移动，如图 6-42 所示。

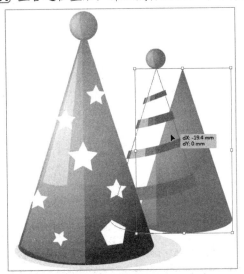

图 6-41　单击"所选对象"命令

图 6-42　锁定所选的图形

6.2.3 编组图形对象

在 Illustrator CC 中，用户可以将几个图形对象进行编组，以将其作为一个整体看待。当使用选择工具对编组中的某一图形进行移动时，编组图形的整体将也随着移动，并且编组的图形在进行移动或变换时，不会影响每个图形对象的位置和属性。下面介绍编组图形的方法。

Step 01 打开素材图像（素材\第 6 章\光盘.ai），选取选择工具，按住【Shift】键的同时，在每个音符图形上单击鼠标左键，选中所有的音符图形，如图 6-43 所示。

Step 02 单击鼠标右键，在弹出的快捷菜单中选择"编组"选项，如图 6-44 所示。

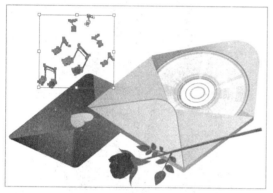

图 6-43 选择图形

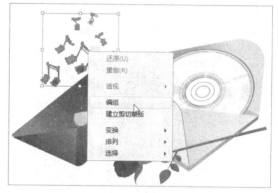

图 6-44 选择"编组"选项

▶ **专家指点**

图形的编组还有以下两种方法。

➢ 命令：选择编组图形后，单击"对象"｜"编组"命令，如图 6-45 所示。

➢ 快捷键：选择编组图形后，按【Ctrl + G】组合键。

用户在使用选择工具在图形窗口中选择需要解散编组的图形后，在图形窗口中的任意位置处单击鼠标右键，在弹出的快捷菜单中选择"取消编组"选项，如图 6-46 所示，也可将选择的编组图形解散。或按【Ctrl + Shift + G】组合键，也可以将选择的编组对象解散成一个个单独的对象。

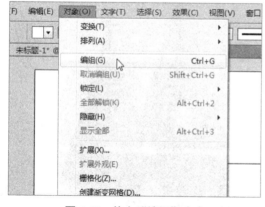

图 6-45 单击"编组"命令

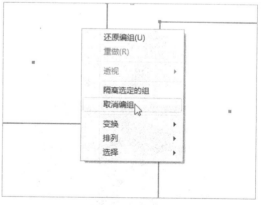

图 6-46 选择"取消编组"选项

Step 03　执行操作命令后，只需要在其中一个音符图形上单击鼠标左键，即可选中所有的音符图形，如图 6-47 所示。

Step 04　单击鼠标左键并拖曳，至合适位置后释放鼠标，即可调整图形的位置，如图 6-48 所示。

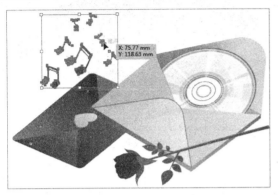

图 6-47　选中所有的音符图形

图 6-48　调整图形位置

6.2.4　排列图形对象

一幅复杂的设计作品，若不经过合理的管理，就会显得杂乱无章，分不清主次与前后，也就很难达到优美而精彩的效果，因此，合适的调整图形的排列顺序就显得尤为重要了。下面介绍排列图形对象的操作方法。

Step 01　打开素材图像（素材\第 6 章\课本.ai），如图 6-49 所示。

Step 02　选取选择工具，选中最后一个图形，如图 6-50 所示。

图 6-49　打开素材图像

图 6-50　选中最后一个图形

Step 03　单击鼠标右键，在弹出的快捷菜单中选择"排列"｜"置于顶层"选项，如图 6-51 所示。

Step 04　执行操作后，即可将最后一个图形置于图像的最顶层，效果如图 6-52 所示。

Step 05　用与上同样的方法，将放大镜移至图像最顶层，效果如图 6-53 所示。

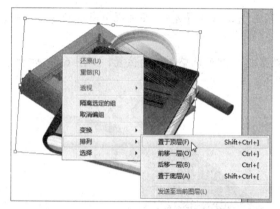

图 6-51 选择"置于顶层"选项

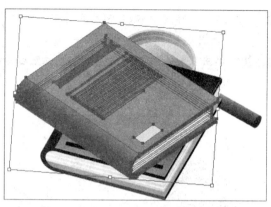

图 6-52 移至最顶层

图 6-53 放大镜移至最顶层

6.2.5 对齐图形对象

单击"窗口"|"对齐"命令，打开"对齐"面板，在其中单击相应的按钮，可以对图形进行对齐操作。下面介绍对齐图形对象的操作方法。

Step 01 打开素材图像（素材\第 6 章\夹子.ai），如图 6-54 所示。

Step 02 选择画板中的两个图形对象，如图 6-55 所示。

图 6-54 打开素材图像

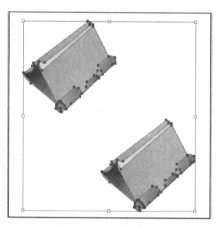

图 6-55 选择图形对象

Step 03　单击 "窗口" | "对齐" 命令，打开 "对齐" 面板，单击 "水平居中对齐" 按钮，如图
6-56 所示。

Step 04　执行操作后，即可设置图形的对齐方式，效果如图 6-57 所示。

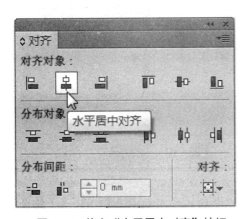

图 6-56　单击 "水平居中对齐" 按钮

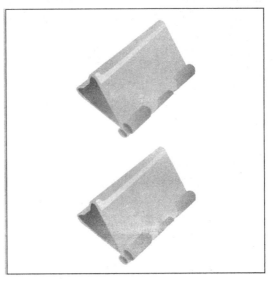

图 6-57　设置图形的对齐方式

6.2.6　复制图形对象

复制图形的概念与剪切图形的概念有点相似，因为复制的图形也是保存在计算机内存的剪贴板上，所不同的是，选择的图形执行 "复制" 后，图形仍留在图形窗口。下面介绍复制图形对象的操作方法。

Step 01　打开素材图像（素材\第 6 章\信封设计.ai），如图 6-58 所示。

Step 02　选中需要复制的图形，如图 6-59 所示。

图 6-58　打开素材图像

图 6-59　选中图形

Step 03　单击 "编辑" | "复制" 命令，如图 6-60 所示。

Step 04　单击 "编辑" | "粘贴" 命令，即可将图形复制并粘贴于该文档中，如图 6-61 所示。

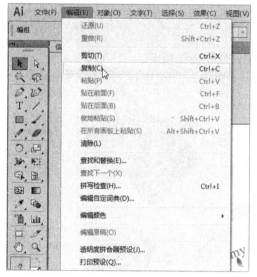
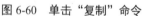

图 6-60　单击"复制"命令　　　　　图 6-61　粘贴图形

▶ 专家指点

在 Illustrator CC 中，按【Ctrl + C】组合键，可以复制图形对象；按【Ctrl + V】组合键，可以粘贴图形对象。

Step 05 选中复制的图形，将鼠标指针移至图形右侧的节点上，单击鼠标左键并水平向左拖曳鼠标，至合适位置后释放鼠标，如图 6-62 所示。

Step 06 将鼠标指针移至图形右下角的节点附近，当鼠标指针呈 ↰ 形状时，单击鼠标左键并旋转图形，至适合角度后释放鼠标，调整图形大小及位置，效果如图 6-63 所示。

图 6-62　拖曳鼠标　　　　　图 6-63　调整图形大小及位置

6.2.7　镜像图形对象

使用 Illustrator CC 软件绘制或编辑图形时，有时为了设计需要，要将图形按照一定的对称方向进行镜像变换，而使用"镜像工具" 可以将选择的图形按水平、垂直或任意角度进行镜像或镜像复制。下面介绍镜像图形对象的操作方法。

Step 01 打开素材图像（素材\第 6 章\天鹅.ai），选中图像中的白天鹅，按【Ctrl + C】和【Ctrl + V】组合键，将该图形复制、粘贴后，选中所复制的图形，如图 6-64 所示。

Step 02 选取工具面板中的"镜像工具" ，系统将自动以所选图形的中心点为原点，按住【Shift】键的同时，单击鼠标左键并拖曳，此时图像窗口中显示了镜像操作的预览效果，如图 6-65 所示。

图 6-64　选中图形

图 6-65　预览镜像效果

▶ 专家指点

　　图形的镜像就是将图形从左至右或从上到下进行翻转，默认情况下，镜像的原点位于对象的中心，用户也可以自定义原点的位置，在图像窗口中的任意位置单击鼠标左键，即可确认镜像的原点。另外，按住【Shift】的同时，对图形进行镜像操作，可以使用所选择的图形以水平或垂直的轴进行镜像。

Step 03 释放鼠标后，即可完成图形的镜像操作，如图 6-66 所示。
Step 04 使用选择工具调整各图形的位置，使图像显示得更加美观，图像效果如图 6-67 所示。

图 6-66　图形的镜像

图 6-67　图像效果

6.2.8　裁剪图形对象

　　使用"刻刀工具" 可以裁剪图形，如果是开放式的路径，裁切后会成为闭合式路径。下面介绍裁剪图形对象的操作方法。

Step 01 打开素材图像（素材\第 6 章\围栏.ai），如图 6-68 所示。
Step 02 选择"刻刀工具" ，在栅栏上单击并拖曳鼠标，划出裁切线，如图 6-69 所示。

图 6-68　打开素材图像

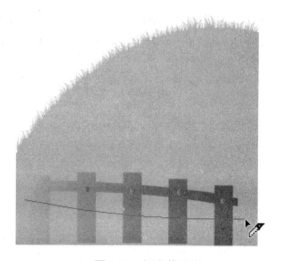

图 6-69　划出裁切线

Step 03 执行操作后，即可裁剪栅栏图形，如图 6-70 所示。

Step 04 取消选择，可以看到图形的渐变色发生了变化，图像效果如图 6-71 所示。

图 6-70　裁剪栅栏图形

图 6-71　图像效果

6.2.9　分割图形对象

"剪刀工具" ✂️ 可以将一条开放或闭合的路径图形分割成多个开放的路径图形，经过剪切后的路径图形，可以使用直接选择工具或转换锚点工具对路径图形进行进一步编辑。剪刀工具主要针对的是路径和锚点，在使用剪刀工具时一般是在路径或锚点上进行了起始点的确认。下面介绍分割图形对象的操作方法。

Step 01 打开素材图像（素材\第 6 章\剪刀.ai），使用选择工具选中图像中的蓝色图形，如图 6-72 所示。

Step 02 选取工具面板中的"剪刀工具" ✂️，将鼠标指针移至图形上的一个锚点上，单击一下鼠标左键，即可使该锚点处于编辑状态，如图 6-73 所示。

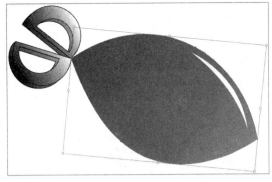

图 6-72 选中图形

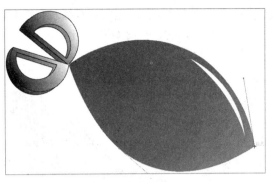

图 6-73 单击锚点

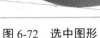 将鼠标指针移至图形的另一个锚点上，单击鼠标左键，即可将原图形分割为两个独立的图
形，如图 6-74 所示。

Step 04 利用选择工具分别选中被分割的图形，并对图形的位置进行调整，效果如图 6-75 所示。

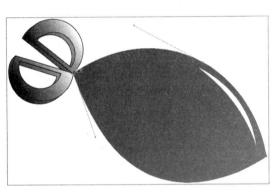

图 6-74 单击另一个锚点

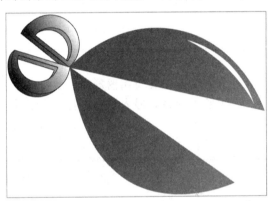

图 6-75 调整图形位置

6.3 绘图工具的操作技巧

想要玩转 Illustrator CC，首先要学好铅笔工具和钢笔工具的绘图技巧，因为它们是
Illustrator 中最强大、最重要的绘图工具。灵活、熟练地使用这些绘图工具，是每一个 Illustrator
用户必须掌握的基本技能。本节主要介绍铅笔工具和钢笔工具的绘制技巧。

6.3.1 铅笔工具的绘图技巧

用户在作图或绘画时，铅笔是一种必不可少的工具，人们通过使用铅笔可以勾勒出图形
的轮廓，建立图形的底稿。在 Illustrator CC 中，也存在"铅笔工具" ✐，用户通过铅笔工具
可以绘制任意形状的路径，并且不局限于固定的几个基本图形。

铅笔工具是一个相当灵活的工具，用户通过使用它在图形窗口中进行拖曳，即可绘制出
令人炫目的复杂图形。下面介绍使用铅笔工具绘制图形的操作方法。

Step 01 打开素材图像（素材\第 6 章\蝴蝶.ai），如图 6-76 所示。

Step 02 选取"铅笔工具" ✏ ，在控制面板上设置"填色"为"无"、"描边"为黑色、"描边粗细"为 2pt，如图 6-77 所示。

图 6-76　打开素材图像

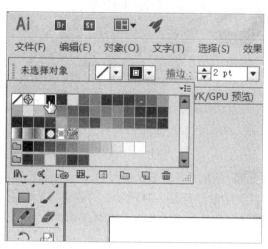

图 6-77　设置工具属性

> ▶ **专家指点**
>
> 　　在使用铅笔工具绘制图形时，若按住【Alt】键的同时拖曳鼠标，则鼠标指针将呈 🔗 形状，表示所绘制的图形为闭合路径，完成绘制后，释放鼠标和【Alt】键，曲线将自动生成闭合路径。另外，在绘制过程中，若鼠标移动的速度过快，软件就会忽略某些线条的方向或节点；若在某一处停留的时间较长，则此处将插入一个节点。

Step 03 将鼠标指针移至图像窗口中，单击鼠标左键并拖曳，即可完成所需绘制的路径或图形，如图 6-78 所示。

Step 04 用与上同样的方法，使用铅笔工具为图像绘制其他的图形，效果如图 6-79 所示。

图 6-78　绘制图形

图 6-79　图形效果

6.3.2　钢笔工具的绘图技巧

　　钢笔工具是绘制路径的主要工具，用户使用它可以很方便地在图形窗口中绘制出所需的各种路径，然后形成各种各样的图形。下面介绍使用钢笔工具绘制图形的操作方法。

Step 01　打开素材图像（素材\第 6 章\雨伞.ai），如图 6-80 所示。

Step 02　选取工具面板中的"钢笔工具" ✐，如图 6-81 所示。

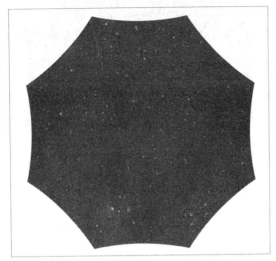

图 6-80　打开素材图形　　　　　　　　　　　图 6-81　选取"钢笔工具"

Step 03　在控制面板上设置"填色"为"白色"，设置"描边"为"白色"，设置"描边粗细"为
　　　　2pt，将鼠标移至图像窗口中的合适位置，单击鼠标左键，确认起始点，如图 6-82 所示。

Step 04　移动鼠标指针至图像窗口中的另一个合适位置，如图 6-83 所示。

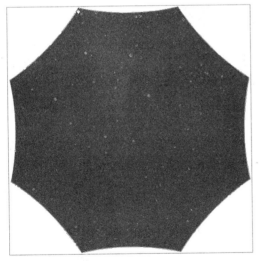

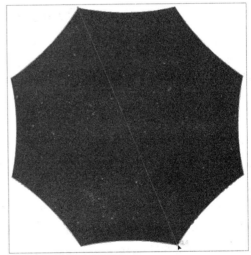

图 6-82　确认起始点　　　　　　　　　　　图 6-83　移动鼠标

Step 05　单击鼠标左键后，释放鼠标，即可绘制一条白色的直线路径，如图 6-84 所示。

Step 06　用与上同样的方法，为图像绘制出其他的直线路径，如图 6-85 所示。

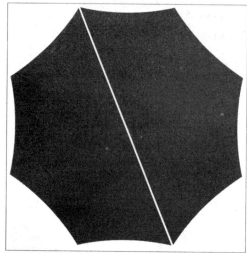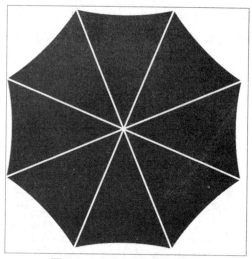

图 6-84　绘制直线路径　　　　　　　图 6-85　绘制其他直线路径

> ▶ **专家指点**
>
> 　　使用钢笔工具绘制路径的过程中，若按住【Shift】键，所绘制的路径为水平、垂直，或以 45° 角递增的直线段。
>
> 　　另外，在绘制完成一条直线段后，单击一下钢笔工具图标，再绘制第二线直线段，否则，第二条直线段的第一个节点将与第一条直线段的第二个节点同为一个节点。

6.4　变形与扭曲图形对象

　　Illustrator CC 为变形与扭曲图形提供了专门的工具，比如整形工具、变形工具以及倾斜工具等。本节主要介绍变形与扭曲图形对象的操作方法。

6.4.1　应用"整形工具"

　　使用工具面板中的"整形工具" ，可以在当前选择的图形或路径中添加锚点或调整锚点的位置，达到改变图形形状的目的。下面介绍应用整形工具的操作方法。

Step 01 打开素材图像（素材\第 6 章\图形.ai），选取工具面板中的"直接选择工具" ，选中需要改变的图形，如图 6-86 所示。

Step 02 选取工具面板中的"整形工具" ，将鼠标移至所选图形的合适位置，鼠标指针呈 形状，如图 6-87 所示。

> ▶ **专家指点**
>
> 　　整形工具主要是用来调整和改变路径形状的。当鼠标指针呈 形状时，单击鼠标左键可以添加锚点；当鼠标指针呈 形状时，则可以拖曳路径。
>
> 　　另外，若用户选择的路径为开放路径时，可以直接使用整形工具对添加的锚点进行拖曳，并改变路径的形状；若选择的路径为闭合路径，则需要使用路径编辑工具，才能对所添加的锚点进行独立编辑。

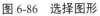

图 6-86　选择图形

图 6-87　鼠标指针呈 形状

Step 03 单击鼠标左键，即可添加一个路径锚点，如图 6-88 所示。

Step 04 使用直接选择工具选中所添加的锚点，并调整该锚点的位置，如图 6-89 所示。

图 6-88　添加锚点

图 6-89　调整位置

Step 05 再使用直接选择工具对控制柄进行调节，效果如图 6-90 所示。

Step 06 用与上同样的方法，对图像窗口中的其他图形进行变形，如图 6-91 所示。

图 6-90　调节手柄后的效果　　　　　　　　图 6-91　图像效果

6.4.2　应用"变形工具"

使用工具面板中的"变形工具" 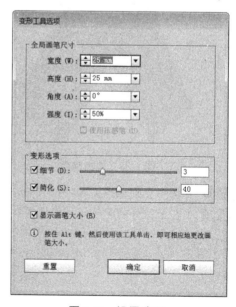 可以将简单的图形变为复杂的图形。此外，它不仅可以对开放式的路径生效，也可以对闭合式的路径生效。下面介绍应用变形工具的操作方法。

Step 01　打开素材图像（素材\第6章\沙发.ai），如图 6-92 所示。

Step 02　将鼠标指针移至"变形工具"图标上，双击鼠标左键，弹出"变形工具选项"对话框，
设置"宽度"为 25 mm、"高度"为 25 mm、"角度"为 0°、"强度"为 50％，选中
"细节"和"简化"复选框，并分别在其右侧的数值框中输入 3 和 40，如图 6-93 所示。

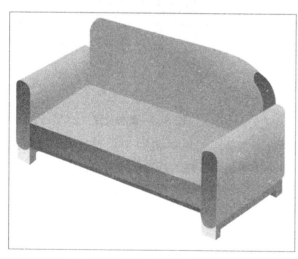

图 6-92　打开素材图像

图 6-93　设置选项

▶ 专家指点

在"变形工具选项"对话框中，各主要选项含义如下所述。

➢ "宽度和高度"选项：主要用来设置变形工具的画笔大小。

➢ "角度"选项：主要用来设置变形工具的画笔角度。

➢ "强度"选项：主要用来设置变形工具在使用时的画笔强度，数值越大，则图形变形的速度就越快。

➢ "细节"复选框：主要用来设置图形轮廓上各锚点之间的间距。选中此复选框后，用户可以通过直接拖曳滑块或输入数值设置此选项，数值越大，则点的间距越小。

➢ "简化"复选框：主要用来减少图形中多余点的数量，且不影响图形整体外观。

➢ "显示画笔大小"：选中此复选框可以在图像窗口中使用画笔时，显示画笔的大小。

Step 03 单击"确定"按钮，将鼠标指针移至图像窗口中需要变形的图形附近，如图 6-94 所示。

Step 04 单击鼠标左键并轻轻地向图形内部进行拖曳，即可使图形变形，效果如图 6-95 所示。

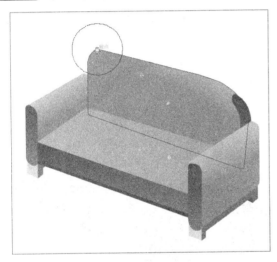

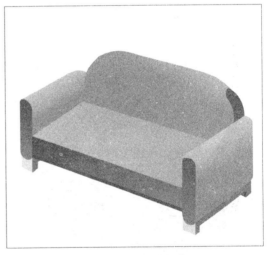

图 6-94　移动鼠标　　　　　　　　　图 6-95　图形变形

6.4.3　应用"倾斜工具"

在 Illustrator CC 中，用户使用工具面板中的"倾斜工具" 可以对选择的图形进行倾斜操作，下面介绍应用倾斜工具的操作方法。

Step 01 打开素材图像（素材\第 6 章\包包.ai），如图 6-96 所示。

Step 02 使用"选择工具" 选中图形，如图 6-97 所示。

Step 03 选取工具面板中的"倾斜工具" ，系统将自动以所选图形的中心点为倾斜原点，在图形附近单击鼠标左键，并轻轻地拖曳鼠标，此时图像窗口中显示了倾斜操作的预览图形，如图 6-98 所示。

Step 04 根据所显示的预览图形，至满意效果后释放鼠标左键，即可完成对所选图形的倾斜操作，如图 6-99 所示。

图 6-96　打开素材图形

图 6-97　选中图形

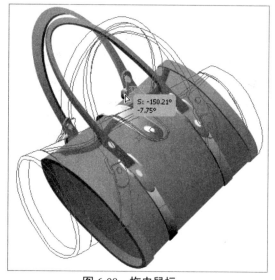

图 6-98　拖曳鼠标

图 6-99　图像效果

本章小结

　　本章主要介绍了绘制图形与编辑图形的各种操作技巧。首先介绍了绘制基本图形的方法，如绘制直线段、矩形、星形、椭圆、多边形、螺旋线以及光晕图形等；然后介绍了编辑图形对象的操作方法，如图形对象的选择、移动、编组、排列、对齐、复制、镜像以及裁剪等；接下来介绍了铅笔工具与钢笔工具的绘图技巧；最后介绍了变形与扭曲图形对象的方法。通过对本章内容的学习，读者可以熟练掌握一系列的矢量绘图工具，并且可以对各种图形进行相应的编辑，使之更加符合我们的设计需求。

课后习题

　　鉴于本章知识的重要性，为了帮助读者更好地掌握所学知识，本节将通过上机习题，帮助读者进行简单的知识回顾和补充。

　　本习题需要掌握使用旋转扭曲工具对图形进行变形的方法，素材（素材\第 6 章\课后习题.psd）与效果（效果\第 6 章\课后习题.psd）如图 6-100 所示。

图 6-100　素材与效果

第 7 章　图形上色功能

【本章导读】

在 Illustrator CC 中，上色是指为图形内部填充颜色、渐变和图案，以及为路径描边。使用一系列的工具可以选取颜色。选取颜色后，还可以通过相应面板生成与之协调的颜色方案，或者用相应的命令修改颜色。本章主要介绍在 Illustrator CC 中对图形进行上色的各种操作方法，如填色和描边图形、实时上色图形，以及渐变填充图形等内容。

【本章重点】

- ➤ 图形的填色与描边
- ➤ 实时上色图形对象
- ➤ 应用渐变填充上色

7.1　图形的填色与描边

Illustrator CC 作为专业的矢量绘图软件，提供了丰富的色彩功能和多样的填色工具，给图形上色带来了极大的方便。若要制作出精彩的作品，对图形进行填充是必不可少的操作。本节主要介绍对图形进行填充和描边的操作方法，希望读者熟练掌握本节内容。

7.1.1　运用"填色工具"填色

图形的填充主要由填色和描边两部分组成，填色指的是图形中所包含的颜色和图案，而描边指的是包围图形的路径线条。在 Illustrator CC 中，用户可以直接在工具面板上设置填色和描边。在 Illustrator 中，图形所填充的色彩模式主要以 CMYK 为主。因此，颜色参数值主要是在 CMYK 的数值框中进行设置。只要当前所需要填充的图形处于选中状态，设置好颜色后系统将自动将颜色填充至图形中。下面介绍运用填色工具填充图形的操作方法。

Step 01 打开素材图像（素材\第 7 章\树木.ai），如图 7-1 所示。

Step 02 使用"选择工具" ![icon] 选中需要填充的路径后，将鼠标指针移至工具面板中的"填色工具" ![icon] 图标上，双击鼠标左键，如图 7-2 所示。

▶ **专家指点**

图形的填充主要由填充和描边两部分组成，填充指的是图形中所包含的颜色和图案，而描边指的是包围图形的路径线条。

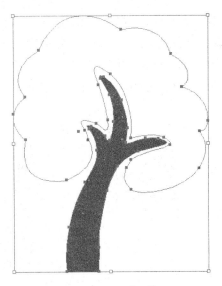

图 7-1　打开素材图像

图 7-2　双击鼠标左键

Step 03 弹出"拾色器"对话框，将鼠标移至"选择颜色"选项区中时，单击鼠标左键，鼠标指针将呈正圆形状○，拖曳鼠标至需要填充的颜色区域上（CMYK 的参数值为 80%、2%、100%、0%），如图 7-3 所示。

Step 04 单击"确定"按钮，即可为路径图形填充相应的颜色，效果如图 7-4 所示。

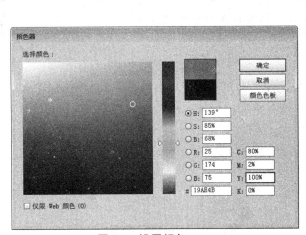

图 7-3　设置颜色

图 7-4　图像效果

7.1.2　运用"描边工具"填色

在 Illustrator CC 中，按【X】键也可以激活"填充"和"描边"图标。若"填色"和"描边"图标中都存有颜色时，单击"互换填色和描边"按钮 或按【Shift＋X】组合键，即可互换填色与描边的颜色，按"默认填色和描边"按钮 或按【X】键，即可将"填色"和"描边"设置为系统的默认色。下面介绍运用描边工具的操作方法。

Step 01 在上一例效果的基础上，使用选择工具选中所绘制的图形，将鼠标指针移至"描边"图标上 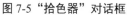，单击鼠标左键即可启用"描边"工具，双击鼠标左键，弹出"拾色器"对话框，如图 7-5 所示，设置 CMYK 的参数值分别为 85%、20%、100%、5%。

Step 02 单击"确定"按钮，即可为图形的路径线条进行描边，图像效果如图 7-6 所示。

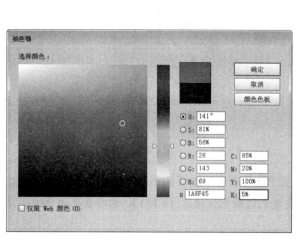

图 7-5 "拾色器"对话框　　　　　　　　　图 7-6 图像效果

▶ **专家指点**

选择对象后，单击工具面板底部的颜色 □ 按钮，可以使用上次选择的单色进行填色或描边；单击渐变 ■ 按钮，可以使用上次选择的渐变色进行填色或描边。

7.1.3 运用控制面板填色

"颜色""色板"和"渐变"面板等都包含填色和描边设置选项，但最方便使用的还是工具面板和控制面板。选择对象后，如果要为它填色或描边，可通过这两个面板快速操作。下面介绍运用控制面板填充颜色的操作方法。

Step 01 打开素材图像（素材\第 7 章\剪刀.ai），如图 7-7 所示。

Step 02 使用"选择工具" ▶ 选中需要上色的路径，如图 7-8 所示。

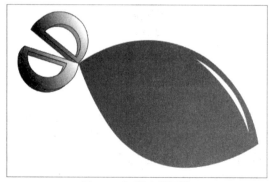

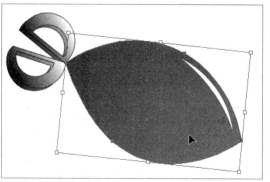

图 7-7 打开素材图像　　　　　　　　　图 7-8 选中需要上色的路径

Step 03 单击控制面板中的填色按钮 ，在打开的下拉面板中选择相应的填充内容，如图 7-9 所示。

Step 04 执行操作后，即可为对象填色，如图 7-10 所示。

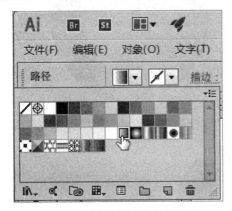

图 7-9　选择相应的填充内容

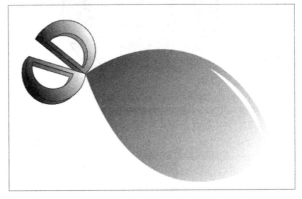

图 7-10　为对象填色

Step 05 单击控制面板中的描边按钮 ，在打开的下拉面板中选择相应的描边内容，如图 7-11 所示。

Step 06 执行操作后，即可为对象描边，如图 7-12 所示。

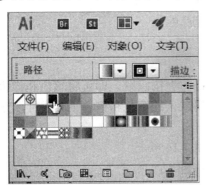

图 7-11　选择相应的描边内容

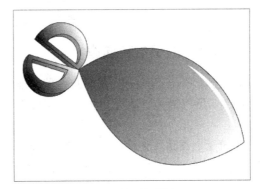

图 7-12　为对象描边

7.1.4　运用"吸管工具"填色

在 Illustrator CC 中，用户使用吸管工具可以很方便地将一个对象的属性按照另一个对象的属性进行更新，也相当于对图形颜色的复制。下面介绍运用吸管工具填色的操作方法。

Step 01 打开素材图像（素材\第 7 章\玩具球.ai），使用选择工具选中需要进行填充的图形，如图 7-13 所示。

Step 02 选取工具面板中的"吸管工具" ，将鼠标移至图形窗口中需要吸取颜色的图形上，如图 7-14 所示。

Step 03 单击鼠标左键，即可将所选择的图形填充为所吸取的颜色，如图 7-15 所示。

平面设计综合教程

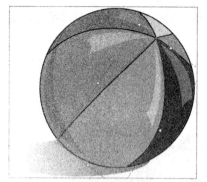

图 7-13　打开素材图像

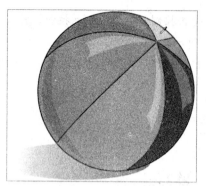

图 7-14　吸取颜色

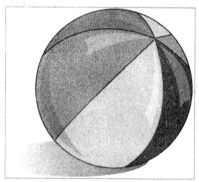

图 7-15　填充吸取的颜色

7.1.5　运用默认的填色和描边

选择对象，单击工具面板底部的"默认颜色和描边"按钮，即可将填色和描边设置为默认的颜色（黑色描边、填充白色）。下面介绍运用默认的填色和描边工具进行填充和描边的方法。

Step 01 打开素材图像（素材\第 7 章\爱心杯.ai），如图 7-16 所示。

Step 02 使用"选择工具"选择相应的图形对象，如图 7-17 所示。

图 7-16　打开素材图像

图 7-17　选择图形对象

Step 03 单击工具面板底部的"默认填色和描边"按钮 ，如图 7-18 所示。

Step 04 执行操作后，即可将填色和描边设置为默认的颜色，效果如图 7-19 所示。

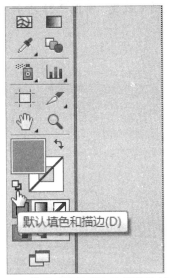

图 7-18　单击"默认填色和描边"按钮

图 7-19　设置为默认的颜色

7.1.6　运用描边面板描边

使用"描边"面板的主要用途是对所绘制的图形路径线条进行设置，在"虚线"复选框下，设置"虚线"和"间隙"的数值框分别都有 3 个，若选中一个描边图形后，将 6 个数值框都进行了设置，则一个描边图形中会有 3 个不同的描边效果。下面介绍运用描边面板描边图形轮廓的操作方法。

Step 01 打开素材图像（素材\第 7 章\信纸.ai），如图 7-20 所示。

Step 02 选中白色的圆角矩形图形，如图 7-21 所示。

图 7-20　打开素材图像

图 7-21　选择图形

平面设计综合教程

Step 03 单击"窗口"｜"描边"命令，即可打开"描边"面板，设置"粗细"为 3pt，如图 7-22 所示。

Step 04 执行描边设置的同时，圆角矩形框的描边效果也随之改变，如图 7-23 所示。

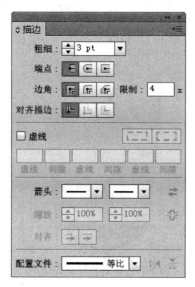

图 7-22　设置描边参数

图 7-23　描边效果

7.1.7　删除填色和描边

选择图形对象，单击工具面板、"颜色"面板或"色板"面板中的"无"按钮，即可删除对象的填色和描边。下面介绍删除填色和描边效果的方法。

Step 01 打开素材图像（素材\第 7 章\冰激凌.ai），如图 7-24 所示。

Step 02 使用"选择工具" 选择相应的图形对象，如图 7-25 所示。

图 7-24　打开素材图像

图 7-25　选择图形对象

Step 03 单击工具面板底部的"填色"按钮，然后单击下方的"无"按钮，即可删除填色，效果如图 7-26 所示。

Step 04 单击工具面板底部的"描边"按钮，然后单击下方的"无"按钮，即可删除描边，此时只剩下空白的路径，效果如图 7-27 所示。

图 7-26　删除填色

图 7-27　删除描边

7.1.8　制作双重描边字效果

在 Illustrator CC 中，结合"描边"描边和"外观"描边，可以制作出特殊的双重描边文字效果，下面介绍具体的制作方法。

Step 01 打开素材图像（素材\第 7 章\企业广告.ai），如图 7-28 所示。

Step 02 使用"选择工具"选择相应的文字对象，如图 7-29 所示。

Step 03 打开"描边"面板，设置"粗细"为 2pt，如图 7-30 所示。

图 7-28　打开素材图像

图 7-29　选择文字对象

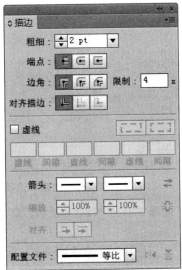

图 7-30　设置"粗细"

Step 04 执行操作后，即可为文字添加描边，效果如图 7-31 所示。

Step 05 单击"文字"|"创建轮廓"命令，将文字转换为图形，效果如图 7-32 所示。

Step 06 打开"外观"面板双击"内容"选项，如图 7-33 所示。

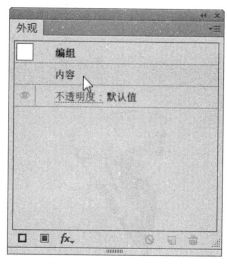

图 7-31　为文字添加描边　　图 7-32　将文字转换为图形　　　图 7-33　双击"内容"选项

Step 07 执行操作后，即可显示当前文字图形的描边和填色属性，如图 7-34 所示。

Step 08 将"描边"选项拖曳至下方的"复制所选项目"按钮上进行复制，此时"外观"面板中有两个"描边"属性，它表示文字具有双重描边，如图 7-35 所示。

图 7-34　展开"内容"选项　　　　　　图 7-35　复制"描边"选项

Step 09 选择下面的"描边"选项，描边颜色设置为"纯黄"，"描边粗细"设置为 4pt，如图 7-36 所示。

Step 10 执行操作后，即可得到最终效果，如图 7-37 所示。

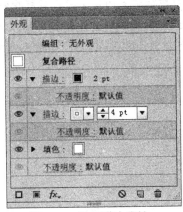

图 7-36　设置描边属性

图 7-37　图像效果

7.2　实时上色图形对象

实时上色是一种为图形上色的特殊方法。它的基本原理是通过路径将图稿分割成多个区域，每一个区域都可以上色、每个路径段都可以描边。上色和描边过程就犹如在涂色簿上填色，或是用水彩为铅笔素描上色。本节主要介绍实时上色图形对象的操作方法。

7.2.1　运用"实时上色工具"上色

实时上色是通过对图形间隙进行自动检测和校正，从而更直观地为矢量图形上色。用户在运用"实时上色工具" 填充图形之前，首先要在图形窗口中建立实时上色组，而图形一旦建立了实时上色组后，每条路径都将保持为完全可编辑状态。下面介绍运用实时上色工具填充图形的操作方法。

Step 01　打开素材图像（素材\第 7 章\帽子.ai），选取工具面板中的"选择工具" ，将鼠标移至图像窗口中的合适位置，单击鼠标左键并拖曳，将图像中的所有图形全部框选后，释放鼠标左键，即可将所有图形全部选中，如图 7-38 所示。

Step 02　在实时上色工具图标上双击鼠标左键，弹出"实时上色工具选项"对话框，如图 7-39 所示，在"突出显示"选项区中设置"颜色"为"淡蓝色"，"宽度"设置为 4pt。

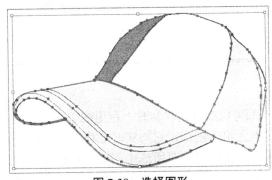

图 7-38　选择图形

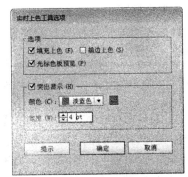

图 7-39　"实时上色工具选项"对话框

Step 03 单击"确定"按钮，将鼠标移至图像窗口中的填充图形上时，鼠标指针呈 形状，鼠标右侧则显示"单击以建立'实时上色'组"的提示信息，如图 7-40 所示。

Step 04 单击鼠标左键，该图形即可建立实时上色组，且图形将以在"实时上色工具选项"对话框中所设置的颜色和宽度进行显示，如图 7-41 所示。

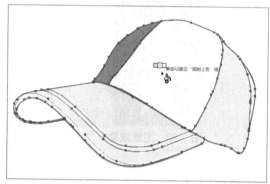

图 7-40　显示提示信息

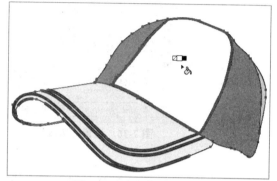

图 7-41　建立实时上色组

Step 05 双击工具面板中的"填色工具" ，弹出"拾色器"对话框，如图 7-42 所示，设置 CMYK 的参数值分别为 0%、0%、100%、0%。

Step 06 单击"确定"按钮，将鼠标指针移至所要填充的图形上，单击鼠标左键，即可为该图形填充相应的颜色，图像效果如图 7-43 所示。

图 7-42　"拾色器"对话框

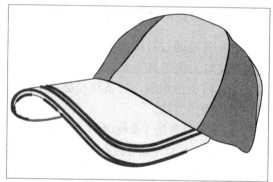

图 7-43　图像效果

▶ **专家指点**

实时上色组中可上色的部分分别称为边缘和表面，边缘是一条路径与其他路径交叉后，处于交点之间的路径部分，表面是一条边缘或多条边缘所围成的区域。用户可以对边缘进行描边、对表面进行填色。

7.2.2　运用"实时上色选择工具"上色

使用工具面板中的"实时上色选择工具" 可以选择建立实时上色组的边缘与表面。使用实时上色选择工具的主要对象是建立了实时上色组的图形，它与实时上色工具的填色方式有所不同，它需要先选中图形，待设置好颜色后，系统自动对所选中的图形进行填充。在实时上色选择工具上双击鼠标左键，将会弹出"实时上色选择选项"对话框，在"突出显示"

选项区中可以设置"颜色"和"宽度",使用实时上色选择工具选中图形后,图形则会以设置的颜色和宽度进行显示。下面介绍运用实时上色选择工具填充图形的操作方法。

Step 01 打开素材图像(素材\第 7 章\运动鞋.ai),如图 7-44 所示。

Step 02 选取工具面板中的"实时上色选择工具" 📳,将鼠标指针移至一个图形上,鼠标指针将呈 ◣ 形状,如图 7-45 所示。

图 7-44 打开素材图像　　　　　　　　图 7-45 鼠标移至鞋上

Step 03 在图形上单击鼠标左键,图形呈灰色状态,则表示该图形已被选中,如图 7-46 所示。

Step 04 在工具面板中双击"填色工具" 📐,弹出"拾色器"对话框,设置"填色"为"洋红色"(CMYK 的参数值为 0%、100%、0%、0%),单击"确定"按钮,即可为所选中的图形填充相应的颜色,如图 7-47 所示。

图 7-46 选中图形　　　　　　　　图 7-47 填充颜色

7.2.3 运用"色板"面板上色

创建实时上色组后,可以在"颜色"面板、"色板"面板和"渐变"面板中设置颜色,再用实时上色工具为对象填色。下面介绍运用"色板"面板填充颜色的操作方法。

Step 01 打开素材图像(素材\第 7 章\手提袋.ai),如图 7-48 所示。

Step 02 使用"选择工具" ▶ 选择相应的图形对象,如图 7-49 所示。

Step 03 单击"对象"|"实时上色"|"建立"命令,如图 7-50 所示。

Step 04 执行操作后,即可创建实时上色组,如图 7-51 所示。

Step 05 取消选择状态,打开"色板"面板,单击选择相应的渐变色板,设置为填色,如图 7-52 所示。

Step 06 选取工具面板中的"实时上色工具" 🖐,将鼠标指针移至一个图形上,检测到表面时会显示蓝色的边框,如图 7-53 所示。

图 7-48　打开素材图像

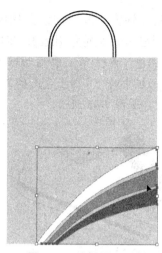

图 7-49　选择图形对象

图 7-50　单击"建立"命令

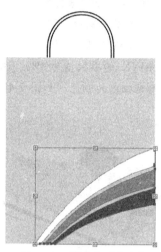

图 7-51　创建实时上色组

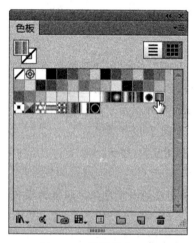

图 7-52　设置填色

图 7-53　定位光标

> ▶ 专家指点
> 　　实时上色工具上方会出现当前设定的颜色及其在"色板"面板中的相邻颜色（按【←】键和【→】可以切换到相邻颜色）。

Step 07　对单个图像表面进行着色时不必选择对象，单击鼠标左键，即可填充当前颜色，效果如图 7-54 所示。

Step 08　如果要同时对多个表面着色，可以使用"实时上色选择工具" ，按住【Shift】键单击这些表面，将它们选择，如图 7-55 所示。

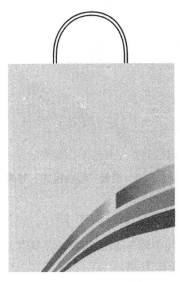

图 7-54　填充当前颜色

图 7-55　选择表面

Step 09　在"色板"面板中单击相应的渐变色板，如图 7-56 所示。

Step 10　执行操作后，即可为图形填充渐变，效果如图 7-57 所示。

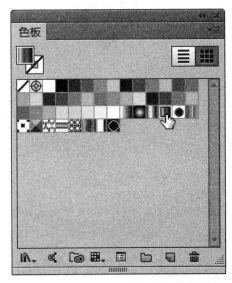

图 7-56　单击相应的渐变色板

图 7-57　为图形填充渐变

Step 11 使用选择工具 ↖ 选择实时上色组，如图 7-58 所示。

Step 12 打开"透明度"面板，设置"混合模式"为"叠加"，效果如图 7-59 所示。

图 7-58　选择实时上色组

图 7-59　设置"混合模式"效果

7.2.4　通过新路径生成新的填充色

在 Illustrator CC 中，创建实时上色组后，可以向其中添加新的路径，从而生成新的表面和边缘。下面介绍通过添加新路径生成新的填充色的操作方法。

Step 01 打开素材图像（素材\第 7 章\咖啡杯.ai），如图 7-60 所示。

Step 02 选择直线段工具，按住【Shift】键创建一条无填色、无描边的直线，如图 7-61 所示。

图 7-60　打开素材图像　　　　　　　　　图 7-61　创建直线

Step 03 使用"选择工具" ↖ 选择相应的图形对象，如图 7-62 所示。

Step 04 单击控制面板中的"合并实时上色"按钮，如图 7-63 所示，将该路径合并到实时上色组中。

图 7-62　选择相应的图形对象　　　　　　图 7-63　单击"合并实时上色"按钮

Step 05 取消选择状态，使用"吸管工具" 单击咖啡杯上的红色区域，拾取颜色，如图 7-64 所示。

Step 06 选取工具面板中的"实时上色工具" ，为实时上色组中新分割出来的表面上色，如图 7-65 所示。

图 7-64　拾取颜色　　　　　　　　　　　图 7-65　填充颜色

Step 07 使用"吸管工具" 单击咖啡区域，拾取颜色，如图 7-66 所示。

Step 08 选取工具面板中的"实时上色工具" ，为实时上色组中新分割出来的其他表面上色，如图 7-67 所示。

Step 09 选取工具面板中的"添加锚点工具" ，在路径中间位置添加一个锚点，如图 7-68 所示。

Step 10 使用"直接选择工具" 调整路径，改变上色区域，效果如图 7-69 所示。

图 7-66　拾取颜色　　　　　　　　　图 7-67　填充颜色

图 7-68　添加锚点　　　　　　　　　图 7-69　改变上色区域

7.3　应用渐变填充上色

渐变可以在对象中创建平滑的颜色过渡效果。在 Illustrator CC 中，提供了大量预设的渐变库，还允许用户将自定义的渐变存储为色板，以便应用于其他对象。本节主要介绍对图形进行渐变填充上色的操作方法。

7.3.1　使用面板填充渐变色

在 Illustrator CC 中，创建渐变填充的方法有两种，一是使用渐变工具，二是使用"渐变"面板。下面介绍为图形填充渐变色的具体操作方法。

Step 01　打开素材图像（素材\第 7 章\蓝色天空.ai），如图 7-70 所示。

Step 02　使用"选择工具" ▶ 选择相应的图形对象，如图 7-71 所示。

图 7-70 打开素材图像

图 7-71 选择图形对象

Step 03 打开"渐变"面板，在"类型"列表框中选择"线性"线性，如图 7-72 所示。

Step 04 双击左侧的滑块，在弹出的面板中设置 CMYK 参数值分别为 30%、0%、0%、0%，如图 7-73 所示。

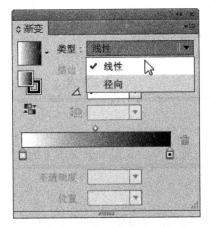

图 7-72 选择"线性"线性

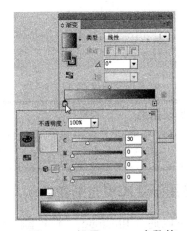

图 7-73 设置 CMYK 参数值

Step 05 双击右侧的滑块，在弹出的面板中设置 CMYK 参数值分别为 65%、20%、0%、0%，如图 7-74 所示。

Step 06 设置左侧滑块的位置为 40%，如图 7-75 所示。

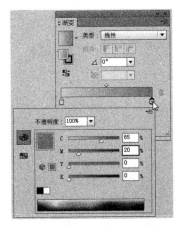

图 7-74 设置 CMYK 参数值

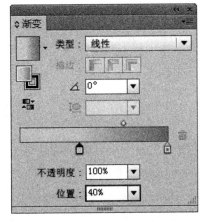

图 7-75 设置左侧滑块的位置

Step 07 在"渐变"面板中设置渐变角度为 90°，如图 7-76 所示。

Step 08 执行操作后，即可制作天空渐变效果，如图 7-77 所示。

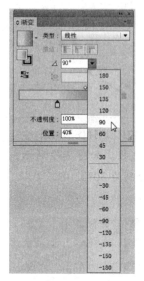

图 7-76　设置渐变角度为 90°

图 7-77　天空渐变效果

▶ **专家指点**

在某一渐变滑块上双击鼠标后，弹出调整颜色的浮动面板，此时，用户可以设置渐变填充的"不透明度"和该滑块在渐变工具上的位置，即改变图形渐变填充的效果。

7.3.2　使用渐变库填充渐变色

用户可以通过 Illustrator CC 的渐变库功能，快速制作出精美的渐变色彩效果。下面介绍具体的操作方法。

Step 01 打开素材图像（素材\第 7 章\窗户.ai），如图 7-78 所示。

Step 02 使用"选择工具" 选择相应的图形对象，如图 7-79 所示。

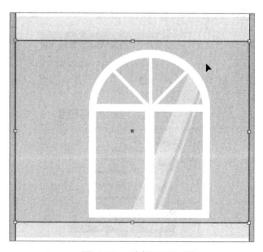

图 7-78　打开素材图像

图 7-79　选择图形对象

Step 03　打开"色板"面板，单击底部的色板库菜单按钮 ，如图 7-80 所示。

Step 04　在弹出的列表框中选择"渐变"|"石头和砖块"选项，如图 7-81 所示。

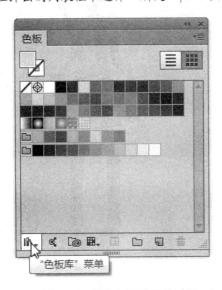

图 7-80　单击色板库菜单按钮　　　　　图 7-81　选择"石头和砖块"选项

Step 05　打开"石头和砖块"渐变库，单击"砖块 7"渐变，如图 7-82 所示。

Step 06　执行操作后，即可为图形填充渐变，效果如图 7-83 所示。

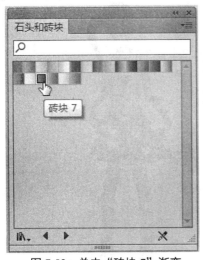

图 7-82　单击"砖块 7"渐变　　　　　图 7-83　为图形填充渐变

7.3.3　使用"网格工具"填充渐变色

用户使用网格工具可以在一个网格对象内创建多个渐变点，从而使图形进行多个方向和多种颜色的渐变填充效果。下面介绍使用网格工具填充渐变色的操作方法。

Step 01　打开素材图像（素材\第 7 章\女孩.ai），如图 7-84 所示。

Step 02　选取工具面板中的"网格工具" ，将鼠标指针移至所绘制图形上的合适位置，鼠标指针将呈 形状，如图 7-85 所示。

图 7-84　打开素材图像

图 7-85　定位光标

Step 03 单击鼠标左键，即可在该图形上创建一个网格锚点，如图 7-86 所示。

Step 04 将鼠标指针移至网格点上，鼠标指针将呈 形状，单击鼠标左键，即可选中该网格点，如图 7-87 所示。

图 7-86　创建网格锚点

图 7-87　选中该网格点

Step 05 双击填色工具，在"拾色器"对话框中将颜色设置为粉红色（CMYK 的参数值为 0%、100%、100%、0%），如图 7-88 所示。

Step 06 单击"确定"按钮，网格点附近的颜色随之改变，如图 7-89 所示。

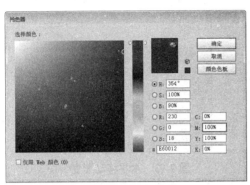

图 7-88　设置参数值　　　　　　　　图 7-89　图像效果

7.3.4　编辑径向渐变颜色

若图形的渐变填充类型为"径向"渐变，使用工具面板中的渐变可以改变渐变中心点的位置。下面介绍编辑径向渐变颜色的操作方法。

Step01　打开素材图像（素材\第 7 章\秋日风景.ai），如图 7-90 所示。

Step02　使用"选择工具" 选择相应的图形对象，如图 7-91 所示。

图 7-90　打开素材图像　　　　　　图 7-91　选择图形对象

Step03　选择"渐变工具" ，图形上会显示渐变条，如图 7-92 所示。

Step04　左侧的圆形图标是渐变的原点，拖曳它可以水平移动渐变，如图 7-93 所示。

Step05　拖曳圆形图标左侧的空心圆，可同时调整渐变的原点和方向，如图 7-94 所示。

Step06　拖曳右侧的方形图标可以调整渐变的覆盖范围，如图 7-95 所示。

Step07　将光标放在虚线圆环的相应图标上，如图 7-96 所示。

Step08　单击并向下拖曳，可以调整渐变半径，生成椭圆渐变，如图 7-97 所示。

图 7-92　显示渐变条

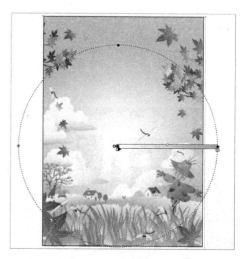

图 7-93　水平移动渐变

图 7-94　调整渐变的原点和方向

图 7-95　调整渐变的覆盖范围

图 7-96　定位光标

图 7-97　生成椭圆渐变

本章小结

本章主要介绍了图形对象的上色技巧，并介绍了一系列的上色工具与功能。首先介绍了图形的填色与描边，如运用填色工具、描边工具、吸管工具以及描边面板等对图形进行填色；然后介绍了实时上色图形对象的方法，如运用实时上色工具、实时上色选择工具、色板面板等进行图形上色处理；最后介绍了应用渐变工具填充上色的方法，如线性渐变、网格渐变以及径向渐变等。通过对本章内容的学习，读者可以深度掌握图形的填色与上色处理，为矢量图形制作出漂亮、出彩的画面。

课后习题

鉴于本章知识的重要性，为了帮助读者更好地掌握所学知识，本节将通过上机习题，帮助读者进行简单的知识回顾和补充。

本习题需要掌握使用混合模式填充图形颜色的方法，素材（素材\第 7 章\课后习题.psd）与效果（效果\第 7 章\课后习题.psd）如图 7-98 所示。

图 7-98　素材与效果

第8章 应用精彩多变的效果

【本章导读】

在 Illustrator CC 中的"效果"可以分为"Illustrator 效果"和"Photoshop 效果",使用"效果"可以为图形制作一些特殊的光照效果、带有装饰性的纹理效果、改变图形外观以及添加特殊效果等。因此,它是制作各种图形特殊效果的重要工具。本章主要介绍为图形对象应用精彩多变的效果的方法。

【本章重点】

➢ 创建与排序图层对象
➢ 应用蒙版功能与画笔符号
➢ 制作常见的图形特效
➢ 使用图形样式库
➢ 创建文本对象

8.1 创建与排序图层对象

图层的概念是指像一叠含有不同图形图像的透明纸,相互按照一定的顺序叠放在一块,最终形成一幅图形图像。图层在进行图形处理的过程中起到了十分重要的作用,它可以将创建或编辑的不同图形通过不同图层进行管理,方便用户对图形进行编辑操作,也可以更加丰富图形的效果。本节主要介绍创建与排序图层对象的操作方法。

8.1.1 创建基本图层

Illustrator 中的图层操作与管理主要是通过"图层"浮动面板来实现的。下面介绍创建基本图层对象的操作方法。

Step 01 打开素材图像(素材\第 8 章\8 折优惠.ai),如图 8-1 所示。

Step 02 单击"窗口"|"图层"命令,或按【F7】键,即可打开"图层"面板,如图 8-2 所示。

Step 03 将鼠标指针移至面板下方的"创建新图层"按钮上| ◙ |,如图 8-3 所示。

Step 04 单击鼠标左键,即可创建一个新的图层,系统默认的名称为"图层 2",如图 8-4 所示。

> **▶ 专家指点**
>
> 用户在创建新图层时,若按住【Ctrl】键的同时,单击"创建新图层"按钮,则可以在所有图层的上方新建一个图层;若按住【Alt + Ctrl】组合键的同时,单击"创建新图层"按钮,则可以在所有选择的图层的下方新建一个图层。

图 8-1　打开素材图像

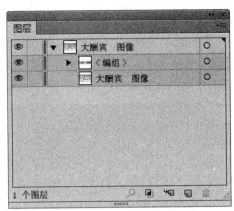

图 8-2　打开"图层"面板

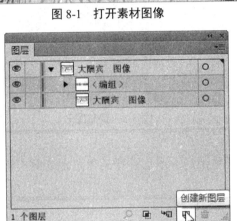

图 8-3　"创建新图层"按钮

图 8-4　创建图层

8.1.2　复制图层对象

在绘制图形的过程中，如果用户需要两个一模一样的图形对象，此时可以通过复制图层的操作来达到获取图形的目的。下面介绍复制图层对象的操作方法。

Step 01 打开素材图像（素材\第 8 章\雨伞.ai），如图 8-5 所示。

Step 02 单击"窗口"｜"图层"命令，打开"图层"面板，如图 8-6 所示。

图 8-5　打开素材图像

图 8-6　打开"图层"面板

Step 03 选中"图层 2"图层，单击面板右上角的 ▼≣ 按钮，在弹出的菜单列表框中选择"复制'图层 2'"选项，"图层"面板即可显示复制的图层，如图 8-7 所示。

Step 04 使用选择工具选中图像窗口中所复制的图形，对其进行镜像操作，并调整图形在图像窗口中的位置和颜色，如图 8-8 所示。

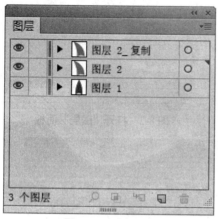

图 8-7　复制图层

图 8-8　调整图形

▶ **专家指点**

　使用"图层"面板复制图层，可以将原图层中的所有子图层毫无保留地复制至新的图层中。

8.1.3　调整图层顺序

　　"图层"面板中的图层是按照一定的秩序进行排列的，图层排列的秩序不同，在图形窗口中所产生的效果也就不同。因此，用户在使用 Illustrator 绘制或编辑图层时，经常需要移动图层，以按需要来调整其排列秩序。下面介绍调整图层顺序的操作方法。

Step 01 打开素材图像（素材\第 8 章\手提袋.ai），如图 8-9 所示。

Step 02 打开"图层"面板，选择"图层 7"图层，如图 8-10 所示。

图 8-9　打开素材图像

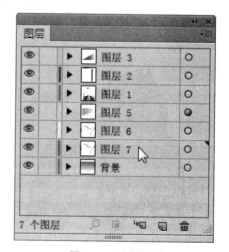

图 8-10　选择图层

Step 03　单击鼠标左键并向上拖曳，当拖曳至所需要的位置后，释放鼠标，即可调整当前所选图层的排列秩序，如图 8-11 所示。

Step 04　同时，画板中的图像效果也会随之改变，如图 8-12 所示。

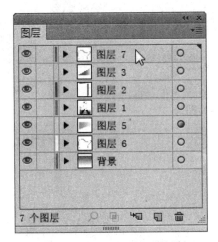

图 8-11　调整图层排列秩序

图 8-12　图像效果

8.2　应用蒙版功能与画笔符号

蒙版在英文中的拼写是 MASK（面具），它的工作原理与面具一样，把不想看到的地方遮挡起来，只透过蒙版的形状来显示想要看到的部分。更准确地说，蒙版可以裁切图形中的部分线稿，从而只有一部分线稿可以透过创建的一个或者多个形状显示。

Illustrator CC 中的画笔工具是一个非常奇妙的工具。用户使用该工具，可以模拟画家所用的不同形状的笔刷，在指定的路径周围均匀地分布指定的图案等，从而使用户能够充分展示自己的艺术构思，表达自己的艺术思想。同时，用户熟练地使用"画笔"面板可以给所需要的路径或图形添加一些画笔笔触，从而达到丰富路径和图形的目的。

本节主要介绍应用蒙版功能与画笔符号的操作方法。

8.2.1　使用路径创建蒙版

蒙版可以用线条、几何形状及位图图像来创建，也可以通过复合图层和文字来创建一个蒙版。在 Illustrator CC 中，用户可通过单击"对象"｜"剪切蒙版"｜"建立"命令，对图形进行遮挡，从而达到创建蒙版的效果。下面介绍使用路径创建蒙版的操作方法。

Step 01　打开两幅素材图像（素材\第 8 章\水墨画（1）.ai、水墨画（2）.ai），如图 8-13 所示。

Step 02　将相框素材图像复制到风景素材图像的文档中，并调整相框与风景素材的大小与位置；选取工具面板中的矩形工具，设置"填色"为"无"，"描边"设置为"黑色"，"描边粗细"设置为 3pt，在图像窗口中绘制一个与相框一样大小的矩形框，如图 8-14 所示。

Step 03　将图像窗口中的图形全部选中，单击"对象"｜"剪切蒙版"｜"建立"命令，即可为图像创建剪切蒙版，效果如图 8-15 所示。

图 8-13　打开素材图像

图 8-14　黑色边框

图 8-15　创建剪切蒙版

▶ 专家指点

　　创建蒙版，除了使用命令外，也可以在选择了需要建立剪切蒙版的图形后，在图像窗口中单击鼠标左键，在弹出快捷菜单中选择"建立剪切蒙版"选项，即可创建剪切蒙版。若用户对创建的蒙版位置不满意时，首先使用工具面板中的直接选择工具，在图形窗口中选择该蒙版，然后直接拖曳至所需的位置即可，其下方的对象不会发生变化。

8.2.2　通过文字创建蒙版

　　使用文字创建蒙版，可以做出一些意想不到的效果，创建蒙版的图形通常位于图像窗口中的最顶层，它可以是单一的路径，也可以是复合路径。下面介绍通过文字创建蒙版的方法。

Step 01　打开素材图像（素材\第 8 章\翱翔蓝天.ai），如图 8-16 所示。

Step 02　按【Ctrl + A】组合键，选中图像窗口中的所有图形，单击"对象"｜"剪切蒙版"｜"建立"命令，即可创建文字剪切蒙版，如图 8-17 所示。

图 8-16　打开素材图像

图 8-17　创建文字剪切蒙版

▶ 专家指点

在 Illustrator CC 中，选中需要创建蒙版的图形后，单击"图层"面板右上角的 ▼≣ 按钮，在弹出的菜单列表中选择"建立剪切蒙版"选项，也可以为图形创建剪切蒙版。

8.2.3　创建不透明蒙版

用户若想创建的不透明蒙版达到良好的图像效果，所绘制的图形填充为黑白色就是最佳选择。若图形的颜色为黑色，则图像呈完全透明状态；若图形的颜色为白色，则图像呈半透明状态。图形的灰色度越高，则图像越透明。下面介绍创建不透明蒙版的操作方法。

Step 01 打开素材图像（素材\第 8 章\棒球女孩.ai），如图 8-18 所示。

Step 02 选取工具面板中的"椭圆工具" ⬭，在图像窗口中的合适位置绘制一个椭圆形，再在"渐变"浮动面板中，设置"渐变填充"为 Black White Radial、"类型"为"径向"，单击"反向渐变" ⬚ 按钮，使填充的渐变色进行反向，如图 8-19 所示。

图 8-18　打开素材图像　　　　图 8-19　绘制椭圆

Step 03 选中图像窗口中的所有图形，调出"透明度"浮动面板，单击面板右上角的 ▼≣ 按钮，在弹出的菜单列表框中选择"新建不透明蒙版为剪切蒙版"选项，再次单击面板右上角的 ▼≣ 按钮，在菜单列表框中选择"建立不透明蒙版"选项，如图 8-20 所示。

Step 04 执行操作后，即可为图像创建不透明蒙版，效果如图 8-21 所示。

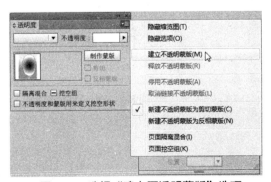

图 8-20　选择"建立不透明蒙版"选项　　　　图 8-21　创建不透明蒙版

8.2.4 创建反向蒙版

反相蒙版与不透明蒙版相似，建立反相蒙版图形的白色区域可以将其下方的图形遮盖，而黑色区域下方的图形，则呈完全透明状态。下面介绍创建反向蒙版的操作方法。

Step 01 打开两幅素材图像（素材\第 8 章\粉色女孩（1）.ai、粉色女孩（2）.ai），如图 8-22 所示。

图 8-22 打开素材图像

Step 02 将背景素材图像复制到人物素材图像的文档中，并调整背景与人物素材的位置，如图 8-23 所示。

Step 03 将图像窗口中的图形全部选中后，调出"透明度"浮动面板，单击面板右上角的 按钮，在弹出的菜单列表中选择"新建不透明蒙版为反相蒙版"选项，再次单击面板右上角的 按钮，在菜单列表中选择"建立不透明蒙版"选项，即可为图像创建反相蒙版，如图 8-24 所示。

图 8-23 拖入素材   图 8-24 创建反相蒙版

8.2.5 运用画笔绘制图形

选择"画笔工具" ，在"画笔"面板中选择一种画笔，单击并拖曳鼠标可绘制线条并

用画笔对路径描边。如果要绘制闭合路径，可以在绘制的过程中按住【Alt】键（光标会变为
○状），然后再放开鼠标按键。下面介绍运用画笔绘制图形的操作方法。

Step 01　打开素材图像（素材\第 8 章\咖啡杯.ai），如图 8-25 所示。

Step 02　使用"画笔工具" ，在控制面板中设置"描边粗细"为 2pt，如图 8-26 所示。

图 8-25　打开素材图像

图 8-26　设置"描边粗细"

Step 03　打开"画笔"面板，选择相应的画笔类型，如图 8-27 所示。

Step 04　使用画笔工具绘制图形，效果如图 8-28 所示。

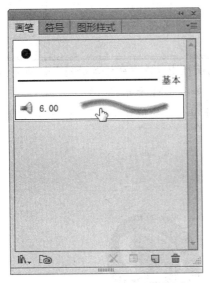

图 8-27　选择相应的画笔类型

图 8-28　绘制图形

8.2.6　运用符号与符号库

　　符号用于表现文档中大量重复的对象，例如花草、纹样和地图上的标记等，使用符号可
以简化复杂对象的制作和编辑过程。下面介绍运用符号与符号库的操作方法。

Step 01　打开素材图像（素材\第 8 章\3D 图形.ai），如图 8-29 所示。

Step 02 单击"符号"浮动面板右上角的 ▼≡ 按钮，在弹出的菜单列表框中选择"打开符号库" | "3D 符号"选项，即可弹出"3D 符号"浮动面板，将鼠标移至"@"符号图标上，单击鼠标左键，如图 8-30 所示。

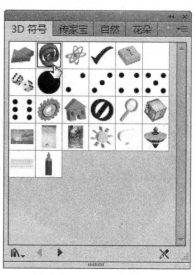

图 8-29　打开素材图像　　　　　　　　　图 8-30　选中符号

▶ **专家指点**

单击"符号"面板右侧的三角形按钮，在弹出的面板菜单中选择"打开符号库"选项，此时将弹出下拉选项，用户在该选项中选择相应的选项，即可打开相应的符号库，如加载"提基"符号库中的符号。

Step 03 执行操作后，该符号图标即可添加至"符号"浮动面板中，选中所添加的符号，将鼠标指针移至面板下方的"置入符号实例"按钮 ↦ 上，如图 8-31 所示。

Step 04 单击鼠标左键，即可将该符号置入图像窗口中，并调整符号的位置与大小，如图 8-32 所示。

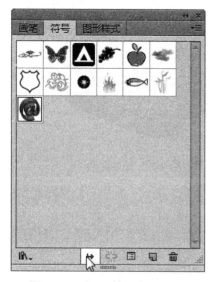

图 8-31　"置入符号实例"按钮　　　　　　图 8-32　调整符号

Step 05 单击面板下方的"断开符号链接"按钮 ⨯ ，再在控制面板上设置符号的"填色"为"浅蓝色"（CMYK 的参数值为 46%、0%、0%、0%），如图 8-33 所示。

图 8-33　设置颜色

8.3　制作常见的图形特效

在"效果"菜单下，包含多种图形特效，应用不同的功能命令，可以制作出风格各异的图形效果。本节主要介绍应用常见的图形效果的操作方法。

8.3.1　使用"变形"特效

Illustrator CC 具有图形变形的功能。在当前图形窗口中选择一个矢量图形，单击"效果"|"变形"|"弧形"命令，弹出"变形选项"对话框，如图 8-34 所示。

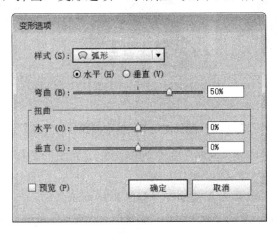

图 8-34　"变形选项"对话框

该对话框中的主要选项含义如下所述。

➢ 样式：单击其右侧的下拉按钮，弹出各种变形样式，用户可在该列表中选择 Illustrator

CC 预设的图形变形效果。

➤ 弯曲：用于设置图形的弯曲程度。数值越大，则弯曲的程度也越大。

➤ 水平：用于设置图形在水平方向上扭曲的程度。数值越大，则图形在水平方向上扭曲的程度越大。

➤ 垂直：用于设置图形在垂直方向上扭曲的程度。数值越大，则图形在垂直方向上扭曲的程度越大。

运用"变形选项"对话框的"样式"下拉列表框中的部分选项，对图形进行变形的效果如图 8-35 所示。

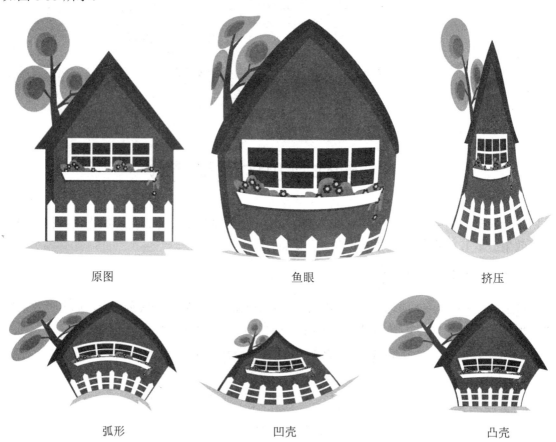

原图   鱼眼   挤压

弧形   凹壳   凸壳

图 8-35 图形使用不同变形样式后的效果

下面以"变形"菜单下的"鱼形"命令为例，介绍为图形制作"鱼形"变形的效果，具体操作步骤如下所述。

Step 01 打开素材图像（素材\第 8 章\鱼.ai），如图 8-36 所示。

Step 02 选中整个素材图形，单击"效果"｜"变形"｜"鱼形"命令，弹出"变形选项"对话框，设置"弯曲"为 40%、"水平"为 10%、"垂直"为 0%，单击"确定"按钮，即可将设置的效果应用于图形中，如图 8-37 所示。

图 8-36　打开素材图像　　　　　　　　　　　图 8-37　应用"鱼形"效果

8.3.2　使用"扭曲与变换"特效

"扭曲与变换"效果组中包含了 7 种效果，可以快速改变矢量对象的形状。这些效果不会永久改变对象的基本几何形状，并且可以随时修改或删除。下面介绍使用"扭曲与变换"特效的操作方法。

Step 01　打开素材图像（素材\第 8 章\帽子.ai），运用直接"选择工具" 选中相应图形，如图 8-38 所示。

Step 02　单击"效果"｜"扭曲与变换"｜"粗糙化"命令，弹出"粗糙化"对话框，选中"绝对"单选按钮，设置"大小"为 10 mm、"细节"为 100，如图 8-39 所示。

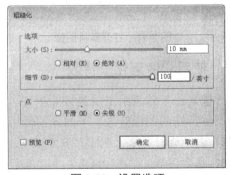

图 8-38　选中图形　　　　　　　　　　　　　图 8-39　设置选项

Step 03　单击"确定"按钮，即可将设置的效果应用于图形中，如图 8-40 所示。

图 8-40　应用"粗糙化"效果

8.3.3 使用"风格化"特效

在"效果"|"风格化"下拉菜单中，包含 6 种效果，它们可以为对象添加发光、投影、涂抹和羽化等外观样式。下面介绍使用"风格化"特效的操作方法。

Step 01 打开素材图像（素材\第 8 章\花海美景.ai），如图 8-41 所示。

Step 02 选中整幅图形，单击"效果" | "风格化" | "涂抹"命令，弹出"涂抹选项"对话框，先设置"设置"为紧密，再设置"角度"为 30°、"描边宽度"为 0.35 mm、"曲度"为 1%、"变化"为 0%、"间距"为 0.53 mm、"变化"为 0.5 mm，单击"确定"按钮，即可将设置的效果应用于图形中，如图 8-42 所示。

图 8-41 打开素材图像

图 8-42 应用"涂抹"效果

8.3.4 使用"像素化"特效

"像素化"效果组主要是按照指定大小的点或块，对图像进行平均分块或平面化处理，从而产生特殊的图像效果。下面介绍使用"像素化"特效的操作方法。

Step 01 打开素材图像（素材\第 8 章\面包.ai），如图 8-43 所示。

Step 02 选中图形，单击"效果" | "像素化" | "铜版雕刻"命令，弹出"铜版雕刻"对话框，在"类型"列表框中选择"精细点"选项，单击"确定"按钮，即可将设置的效果应用于图形中，如图 8-44 所示。

图 8-43 打开素材图像

图 8-44 应用"铜版雕刻"效果

8.3.5 使用"模糊"特效

使用"模糊"滤镜组中的滤镜可以对图像进行模糊处理,从而去除图像中的杂色,使图像变得较为柔和平滑,或者通过该命令还可以突出图像中的某一部分。下面介绍使用"模糊"特效的操作方法。

Step 01 打开素材图像(素材\第 8 章\月圆之夜.ai),如图 8-45 所示。

Step 02 选中需要应用效果的图形,单击"效果"|"模糊"|"高斯模糊"命令,弹出"高斯模糊"对话框,在"半径"右侧的数值框中输入 5,单击"确定"按钮,即可将设置的效果应用于图形中,如图 8-46 所示。

图 8-45 打开素材图像

图 8-46 应用"高斯模糊"效果

8.3.6 使用"素描"特效

使用"素描"滤镜组中的滤镜可以使用当前设置的描边和填色来置换图像中的色彩,从而生成一种更为精确的图像效果。下面介绍使用"素描"特效的操作方法。

Step 01 打开素材图像(素材\第 8 章\风景素描.ai),如图 8-47 所示。

Step 02 选中整幅图形,单击"效果"|"素描"|"粉笔和炭笔"命令,弹出"粉笔和炭笔"对话框,设置"炭笔区"为 7、"粉笔区"为 10、"描边压力"为 1,单击"确定"按钮,即可将设置的效果应用于图形中,如图 8-48 所示。

图 8-47 打开素材图像

图 8-48 应用"粉笔和炭笔"效果

8.4 使用图形样式库

图形样式库是一组预设图形样式的集合,用户若要打开一个图形样式库,可单击"窗口"|

"图形样式库"命令，在其子菜单中选择该样式库，即可将该样式输入至当前图形窗口中。下面介绍使用图形样式库的操作方法。

8.4.1 使用"3D"效果

使用 3D 效果的图形样式时，不论是开发路径、闭合路径、单个图形或编组图形都可以应用 3D 效果中的图形样式。应用 3D 效果后的图形原路径不会改变，只是其效果以 3D 效果的样式进行了变化，若原图形的颜色与 3D 效果的图形样式有所差别，某些图形原有的外观属性仍会显示于图像窗口中。下面介绍使用"3D"效果的操作方法。

Step 01 打开素材图像（素材\第 8 章\广告效果.ai），如图 8-49 所示。

Step 02 运用"选择工具" ▶ 选中文字，如图 8-50 所示。

图 8-49　打开素材图像 　　　　　　　　图 8-50　选中文字

Step 03 在"图形样式"浮动面板下方单击"图形样式库菜单"按钮 ▮▾，在弹出的下拉列表框中选择"3D 效果"选项，调出"3D 效果"浮动面板，在其中单击"3D 效果 1"图形样式，如图 8-51 所示。

Step 04 即可将该图形样式应用于字母中，如图 8-52 所示。

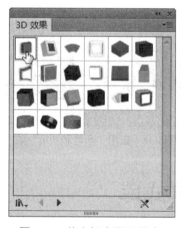

图 8-51　单击相应图形样式

图 8-52　应用图形样式

8.4.2　使用"纹理"效果

在"纹理"浮动面板中所有图形样式都是 RBG 的文件格式，因此，应用该类图形样式的图形会有马赛克的现象，但不同的图形样式应用于图形中时，也会产生不同的视觉效果。下面介绍使用"纹理"效果的操作方法。

Step 01 打开素材图像（素材\第 8 章\篮球女孩.ai），如图 8-53 所示。

Step 02 选取工具面板中的"矩形工具" ▦，绘制一个合适大小的矩形，如图 8-54 所示。

图 8-53　打开素材图像　　　　　　　　　图 8-54　绘制矩形

Step 03 选中图形后，调出"纹理"浮动面板，选择"RGB 砖块"图形样式，如图 8-55 所示。

Step 04 即可将该图形样式应用于矩形中，如图 8-56 所示。

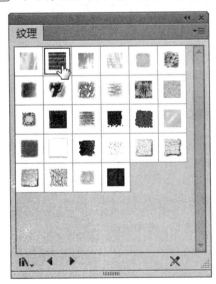

图 8-55　选择"RGB 砖块"图形样式　　　　　图 8-56　应用图形样式

8.4.3 使用 Vonster 图案样式

在图像窗口中选择需要应用 Vonster 图案样式的图形后，在"Vonster 图案样式"浮动面板中选择任何一种图形样式，图形路径为选择的图形样式的效果。下面介绍使用 Vonster 图案样式的操作方法。

Step 01 打开素材图像（素材\第 8 章\草地.ai），如图 8-57 所示。

Step 02 选中需要应用图形样式的图形，如图 8-58 所示。

图 8-57　打开素材图像　　　　　　　　　　图 8-58　选择图形

Step 03 调出"Vonster 图案样式"浮动面板，选择"小白花 3"图形样式，如图 8-59 所示。

Step 04 即可将该图形样式应用于图形中，如图 8-60 所示。

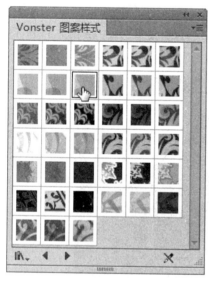

图 8-59　选择图形样式

图 8-60　应用图形样式

8.4.4 使用"艺术效果"特效

"艺术效果"面板中包含了多种图形艺术样式，选择相应的样式可以使图形素材更具艺术效果。下面介绍具体的操作方法。

Step01 打开素材图像（素材\第 8 章\游泳圈.ai），如图 8-61 所示。

Step02 选中需要应用图形样式的图形，如图 8-62 所示。

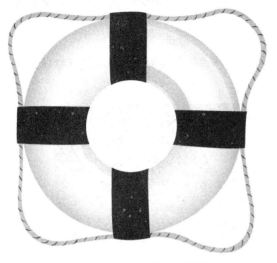

图 8-61 打开素材图像

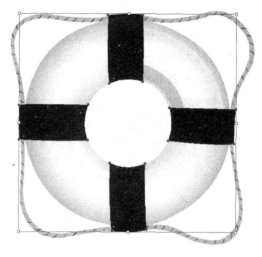

图 8-62 选择图形

Step03 调出"艺术效果"浮动面板，选择"彩色半调"图形样式，如图 8-63 所示。

Step04 即可将该图形样式应用于图形中，如图 8-64 所示。

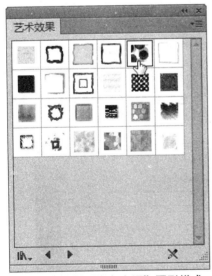

图 8-63 选择"彩色半调"图形样式

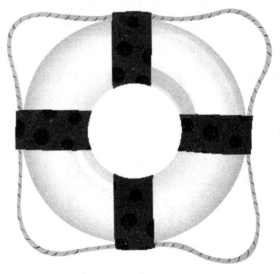

图 8-64 应用图形样式

8.5 创建文本对象

虽然 Illustrator CC 是一款图形软件，但它的文本操作功能同样非常强大，其工具面板中提供了多种文本工具，用户使用这些文字输入工具，不仅可以按常规的书写方法输入文本，还可以将文本限制在一个区域之内。本节主要介绍创建文本对象的操作方法。

8.5.1 创建横排文本对象

使用工具面板中的文字工具，可以在图形窗口中直接输入所需要的文字内容。下面介绍创建横排文本对象的操作方法。

Step 01 打开素材图像（素材\第 8 章\公益广告.ai），如图 8-65 所示。

Step 02 选取工具面板中的"文字工具" [T]，将鼠标指针移至图像窗口中，此时鼠标指针呈[T]形状，如图 8-66 所示。

图 8-65　打开素材图像

图 8-66　移动鼠标

Step 03 在图像窗口中的合适位置单击鼠标左键，确认文字的插入点，如图 8-67 所示。

Step 04 插入点呈闪烁的光标状态时，在控制面板上设置"填色"为"白色"，"字体"设置为"宋体"，"字体大小"设置为 30pt，如图 8-68 所示。

图 8-67　确认文字的插入点

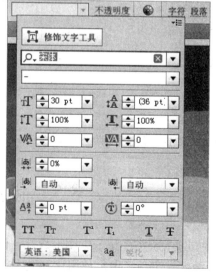

图 8-68　设置工具属性

Step 05 选择一种输入法，输入相应的文字，如图 8-69 所示。

Step 06 选中"爱"字，设置"字号"为 60pt，如图 8-70 所示。

图 8-69　输入文字　　　　　　　　　　图 8-70　设置文字属性

8.5.2　创建直排文本对象

选取了直排文字工具后，用户可以在 Illustrator CC 工作区中的任何位置单击鼠标左键，确认文字的插入点，并可以输入直排文字。下面介绍创建直排文本对象的操作方法。

Step 01 打开素材图像（素材\第 8 章\夕阳美景.ai），如图 8-71 所示。

Step 02 选取工具面板中的"直排文字工具" ，将鼠标指针移至图像窗口中，此时鼠标指针呈 形状，如图 8-72 所示。

图 8-71　打开素材图像　　　　　　　　图 8-72　移动鼠标

Step 03 在图像窗口中的合适位置单击鼠标左键，确认文字的插入点，如图 8-73 所示。

Step 04 插入点呈闪烁的光标状态时，在控制面板上设置"填色"为"白色"，"字体"设置为"黑体"，"字体大小"设置为 30pt，如图 8-74 所示。

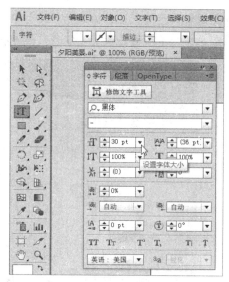

图 8-73 确认文字的插入点　　　　　　图 8-74 设置工具属性

Step 05 选择一种输入法，输入相应的文字，如图 8-75 所示。

Step 06 选中"阳"字，设置"字号"为 80pt，选择输入的所有文本，设置字距为 200，效果如图
8-76 所示。

图 8-75 输入文字　　　　　　　　图 8-76 设置文字属性效果

▶ 专家指点

当用户完成文字输入后，在工具面板中单击任何工具图标，或按【Ctrl + Enter】组合
键，即可确认输入的文字。

8.5.3 创建区域文本对象

使用区域文字工具主要是在闭合路径的内部创建文本，即用文本填充一个现有的路径形
状。若没有选择路径图形，则在图像窗口中单击鼠标确认插入点时，将会弹出信息提示框，
提示用户在路径中创建文本。另外，在复合路径和蒙版的路径上是无法创建区域文字的。下
面介绍创建区域文本对象的操作方法。

Step 01 打开素材图像（素材\第 8 章\秋之枫情.ai），如图 8-77 所示。

Step 02 选取工具面板中的矩形工具，设置"填色"为"无"，"描边"设置为"无"，在图像窗口中的合适位置绘制一个矩形框，如图 8-78 所示。

图 8-77　打开素材图像　　　　　　　　　　图 8-78　绘制矩形框

Step 03 选取工具面板中的"区域文字工具" T，将鼠标指针移至矩形框内部的路径附近，此时鼠标指针呈 形状，如图 8-79 所示。

Step 04 单击鼠标左键，确认区域文字的插入点，如图 8-80 所示。

图 8-79 移动鼠标　　　　　　　　　　　图 8-80　确认区域文字的插入点

Step 05 插入点呈闪烁的光标状态时，在控制面板上设置"填色"为"黑色"，"字体"设置为"黑体"，"字体大小"设置为 18pt，选择一种输入法并输入相应的文字，如图 8-81 所示。

Step 06 输入完成后，使用选择工具对矩形框的大小进行调整，同时区域文字也随之进行了调整，如图 8-82 所示。

图 8-81　输入相应的文字　　　　　　　　图 8-82　调整文字

8.5.4 创建路径文本对象

使用工具面板中的"路径文字工具"⟨ᒼᐟ⟩或"直排路径文字工具"⟨ᒼᐟ⟩，均可以使文字沿着绘制的路径排列，当然，路径可以为开放的，也可以是闭合的，但输入文本后的路径将失去填充和轮廓属性，不过可使用相关工具编辑其锚点和形状。下面介绍创建路径文本对象的操作方法。

Step 01 单击"文件"｜"打开"命令，打开素材图像，如图 8-83 所示。

Step 02 选取工具面板中的钢笔工具，设置"填色"为"无"，"描边"设置为"无"，在图像窗口中的合适位置绘制一条开放路径，如图 8-84 所示。

图 8-83　打开素材图像

图 8-84　绘制开放路径

Step 03 选取工具面板中的"路径文字工具"⟨ᒼᐟ⟩，将鼠标指针移至开放路径上，此时鼠标指针呈 ⅄ 形状，如图 8-85 所示。

Step 04 单击鼠标左键，确认路径文字的插入点，如图 8-86 所示。

图 8-85　移动鼠标

图 8-86　确认路径文字的插入点

Step 05 插入点呈闪烁的光标状态时，在控制面板上设置"填色"为"黑色"，"字体"设置为"黑体"，"字体大小"设置为 36pt，选择一种输入法并输入相应的文字，如图 8-87 所示。

Step 06 输入完成后，对路径进行适当的调整，如图 8-88 所示。

图 8-87　输入相应的文字

图 8-88　创建路径文字

> ▶ **专家指点**
> 　创建开放路径后，用户在路径上的任何位置确认插入点，插入点都会以开放路径的起始点为准。

本章小结

　　本章主要介绍图形的特殊设计方法，为图形添加一系列的特效，使图形更具有艺术效果。首先介绍了图层与蒙版的功能，掌握这些基本功能有助于图形的编辑工作；然后介绍了制作常见图形特效的方法，如"变形"特效、"扭曲与变换"特效、"风格化"特效、"模糊"特效以及"素描"特效等；接下来介绍了使用图形样式库的方法，如"3D"效果、"纹理"效果以及"艺术效果"特效等；最后介绍了创建文本对象的方法，如横排文本、直排文本、区域文本以及路径文本等。通过本章的学习，读者可以掌握图层、蒙版、特效、图形样式库以及文本的各种常用功能，设计出更加丰富多彩的图形效果。

课后习题

　　鉴于本章知识的重要性，为了帮助读者更好地掌握所学知识，本节将通过上机习题，帮助读者进行简单的知识回顾和补充。

平面设计综合教程

本习题需要掌握"符号库"的运用方法，通过符号库创建图形对象，素材（素材\第 8 章\课后习题.psd）与效果（效果\第 8 章\课后习题.psd）如图 8-89 所示。

图 8-89　素材与效果

第9章 CorelDRAW X7 基本操作

【本章导读】

CorelDRAW X7 是一款通用而且强大的图形设计软件，是矢量绘图、版面设计、网站设计和位图编辑等方面的软件，该软件由加拿大 Corel 公司推出，被广泛应用于商标设计、插画描画、模型绘画、排版、logo 制作等领域。本章主要介绍 CorelDRAW X7 软件入门的相关知识，帮助读者快速了解 CorelDRAW X7。

【本章重点】

➢ 安装、启动与退出 CorelDRAW X7
➢ 文本的基本操作
➢ 使用辅助绘图工具
➢ 设置与显示文档版面

9.1 安装、启动与退出 CorelDRAW X7

CorelDRAW X7 支持本机安装，可以通过本机光驱进行安装和卸载。在安装 CorelDRAW X7 之前，建议先将计算机中安装的低版本 CorelDRAW 程序进行卸载，以便于 CorelDRAW X7 正常安装。本节主要介绍安装、启动与退出 CorelDRAW X7 软件的操作方法。

9.1.1 安装 CorelDRAW X7

用户若要使用 CorelDRAW X7 程序软件，首先要在计算机上安装 CorelDRAW X7，CorelDRAW X7 的安装非常简单，下面进行简单介绍。

Step 01 将 CorelDRAW X7 的安装程序复制至电脑中，进入安装文件夹，选择 exe 格式的安装文件，单击鼠标右键，在弹出的快捷菜单中选择"打开"选项，如图 9-1 所示。

Step 02 执行操作后，弹出 CorelDRAW X7 对话框，如图 9-2 所示，提示正在初始化安装程序，并显示进度。

Step 03 稍等片刻，进入下一个页面，在其中选中"我接受该许可证协议中的条款"复选框，如图 9-3 所示。

Step 04 单击"下一步"按钮，进入下一个页面，在其中输入用户名和序列号，单击"下一步"按钮，如图 9-4 所示。

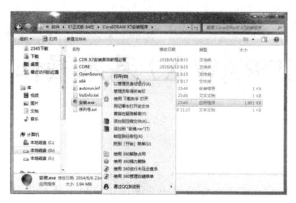

图 9-1　选择"打开"选项

图 9-2　CorelDRAW X7 对话框

图 9-3　许可证协议对话框

图 9-4　输入用户名和序列号

Step 05　进入下一个页面，选择"自定义安装"选项，如图 9-5 所示。

Step 06　进入下一个页面，选中"CorelDRAW|矢量插图和页面布局"复选框，并取消选中其余 4
个复选框，单击"下一步"按钮，如图 9-6 所示。

图 9-5　选择"自定义安装"选项

图 9-6　选择安装的程序

Step 07 进入下一个页面，在其中选中"实用工具"复选框，单击"下一步"按钮，如图 9-7 所示。

Step 08 进入下一个页面，选中"安装桌面快捷方式"复选框，并取消选中"允许产品更新"复选框，单击"下一步"按钮，如图 9-8 所示。

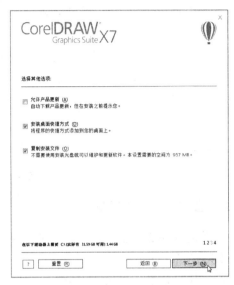

图 9-7　选择"实用工具"　　　　图 9-8　选择安装方式

Step 09 进入下一个页面，在其中更改软件的安装路径，单击"立即安装"按钮，即可完成安装设置，如图 9-9 所示。

Step 10 执行上述操作后，进入下一个页面并显示软件的安装进度，如图 9-10 所示。

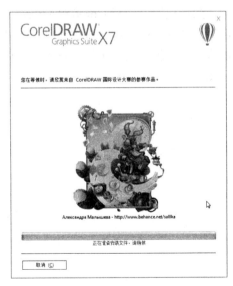

图 9-9　单击"立即安装"按钮　　　　图 9-10　显示软件的安装进度

Step 11 稍等片刻，待 CorelDRAW X7 安装完成，进入下一个页面，提示 CorelDRAW X7 应用软件安装成功，单击页面下方的"完成"按钮，如图 9-11 所示，即可完成操作。

图 9-11　安装成功界面

9.1.2　启动 CorelDRAW X7

在学习 CorelDRAW X7 前，首先要掌握该软件的启动操作，本节主要介绍的是启动 CorelDRAW X7 的多种方法。

➢　开始菜单：单击"开始"|"所有程序"| CorelDRAW Graphics Suite X7 (64-bit) | CorelDRAW X7 (64-Bit)命令即可。

➢　快捷图标：在桌面上双击 CorelDRAW X7 图标。

➢　快捷菜单：在 CorelDRAW X7 程序图标上，单击鼠标右键，在弹出的快捷菜单中选择"打开"选项。

➢　图标按钮：选择 CorelDRAW X7 图标，按【Enter】键。

➢　文件程序：在计算机中找到 CorelDRAW 文件，双击也可启动 CorelDRAW X7 程序。

运用以上 5 种方法都可以启动 CorelDRAW X7 程序，在启动程序后，会弹出一个欢迎使用 CorelDRAW X7 的界面，如图 9-12 所示。

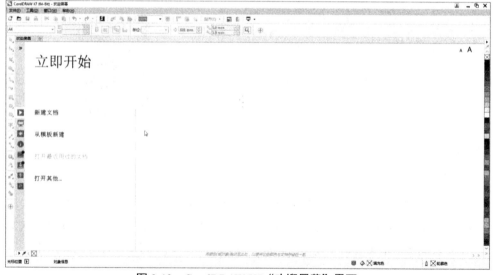

图 9-12　CorelDRAW X7 "欢迎屏幕"界面

9.1.3　退出 CorelDRAW X7

在 CorelDRAW X7 中，将所做的文件或图形按格式保存完成后，需要退出 CoreIDRAW X7 应用软件，退出 CorelDRAW X7 有以下 6 种方法。

➤ 关闭按钮：单击 CorelDRAW X7 应用程序窗口右上角的 "关闭" 按钮 ✕ 。
➤ 菜单命令：单击 "文件" | "退出" 命令。
➤ 程序图标 1：双击标题栏左侧的程序图标 。
➤ 程序图标 2：在标题栏左侧的程序图标 上，单击鼠标右键，在弹出的快捷菜单中，选择 "关闭" 选项。
➤ 快捷菜单：在任务栏中的 CorelDRAW X7 程序上，单击鼠标右键，在弹出的快捷菜单中，选择 "关闭窗口" 选项。
➤ 快捷键：按 【Alt＋F4】组合键。

运用以上 6 种方法都可以退出 CorelDRAW X7 程序。

9.2　文件的基本操作

启动 CorelDRAW X7 应用程序以后，用户需要掌握如何操作和管理绘图文件，基本操作包括新建、打开、保存、关闭、导入和导出、备份与恢复文件。

9.2.1　新建文件

在 CorelDRAW X7 中，新建文件有以下 4 种方法。

➤ 菜单命令：单击 "文件" | "新建" 命令，如图 9-13 所示，执行操作后，即可新建一个空白的图形文件，如图 9-14 所示。

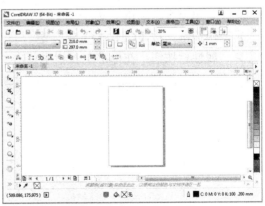

图 9-13　单击 "新建" 命令　　　　　　　图 9-14　新建空白文件

➤ 快捷键：按 【Ctrl＋N】组合键。
➤ 属性按钮：在标准工具栏中单击 "新建" 按钮 。
➤ 模板新建：在 CorelDRAW X7 中附带了多个设计样本，用户可以使用这些设计样本作为绘图基础进行设计。单击 "文件" | "从模板新建" 命令，弹出 "从模板新建" 对话框，如图 9-15 所示。

图 9-15　"从模板新建"对话框

在该对话框中提供了许多实用的模板图形文件，如"小册子""名片""商业信笺""目录"等，用户可以根据需要进行选择，也可以切换到"浏览"选项卡中，载入其他模板文件。

▶ 专家指点

选定模板的同时，也要选中"包括图形"复选框，这样才能将模板中的属性设置和图形同时加载到新的文件中，否则只是加载模板的属性设置。

9.2.2　打开文件

在 CorelDRAW X7 中，打开文件有以下 5 种方法。

➢ 菜单命令：单击"文件"|"打开"命令，如图 9-16 所示。
➢ 快捷键：按【Ctrl＋O】组合键。
➢ 属性栏按钮：在标准工具栏中单击"打开"按钮 ，如图 9-17 所示。

图 9-16　单击"打开"命令

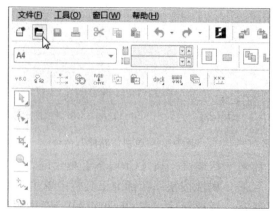

图 9-17　单击"打开"按钮

运用以上 3 种方法，都可以弹出"打开图形"对话框，选择相应的文件，然后单击"打开"按钮，即可打开文件。

➢ 双击文件：在电脑中找到所存文件路径，双击文件也可打开该文件。

➢ 快捷菜单：在电脑中找到所存文件路径，单击鼠标右键，在弹出的快捷菜单中选择"打开"选项或"打开方式"选项即可。

9.2.3　保存文件

在 CorelDRAW X7 中，用户可以用不同的方式和不同的文件格式来保存图形文件。保存文件主要有以下 5 种方法。

➢ 菜单命令：单击"文件"|"保存"命令，弹出"保存绘图"对话框，如图 9-18 所示。在"保存在"下拉列表中指定保存文件的路径，然后在"文件名"下拉列表中更改文件名，接着在"保存类型"下拉列表中选择保存文件的格式，如图 9-19 所示，最后单击"保存"按钮，即可保存文件。

图 9-18　"保存绘图"对话框

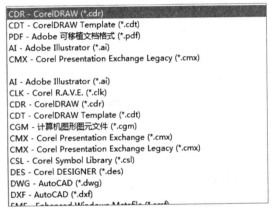

图 9-19　文件格式列表

➢ 快捷键：按【Ctrl＋S】组合键。

➢ 另存为命令：若当前文件以一种文件格式保存过，还可以将该文件以另一种格式或者另一个文件名"另存为"。单击"文件"|"另存为"命令，弹出"保存绘图"对话框，在该对话框中完成设置，单击"保存"按钮即可另存当前的图形文件。

➢ 另存为快捷键：按【Ctrl＋Shift＋S】组合键。

➢ 属性按钮：在标准工具栏中单击"保存"按钮 ■。

运用以上 5 种方法，都可以弹出"保存绘图"对话框，在该对话框中完成设置，单击"保存"按钮，保存当前图形文件。

9.2.4　导入与导出文件

CorelDRAW X7 具有良好的兼容性，它可以将其他格式的文件导入到工作区中，也可以将制作好的文件导出为其他格式的文件，以供其他软件使用。CDR、AI、GIF、BMP、JPGE、PSD、TIFF 等文件格式都是在 CorelDRAW 中使用比较多的，大多数都受 Windows 和 Macintosh 平台的支持。下面介绍导入与导出图形文件的操作方法。

1. 导入文件

通过"导入"命令，可以将其他应用软件生成的文件输入到 CorelDRAW X7 中，一般可以导入到 CorelDRAW X7 的图像格式有 JPEG、TIFF 等。

导入文件有以下 4 种方法。

➢ 菜单命令：单击"文件"|"导入"命令。

➢ 快捷键：按【Ctrl＋I】组合键。

➢ 属性按钮：单击标准属性栏中的"导入"按钮 ⌨ 。

➢ 快捷菜单：在绘图页面中单击鼠标右键，在弹出的快捷菜单中选择"导入"选项。

运用以上 4 种导入方法，都可以弹出"导入"对话框，选择相应的文件，单击"导入"按钮即可导入文件。下面介绍导入文件的具体操作方法。

Step 01 单击"文件"|"导入"命令，或者按【Ctrl＋I】组合键，弹出"导入"对话框，如图 9-20 所示。

Step 02 选中素材（素材\第 9 章\优惠券.jpg），单击"导入"按钮，鼠标指针呈⌐形状时，在绘图页面中的合适位置单击鼠标左键，确定需要导入图像的起始位置，然后向另一侧拖曳鼠标，图像文件被导入到新建的图形文件中，如图 9-21 所示。

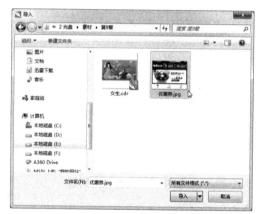

图 9-20 "导入"对话框

图 9-21 导入图像

2. 导出文件

通过"导出"命令，用户可以将图像导出或者保存为不同的文件格式，以供其他应用程序使用，一般可以导出的图像格式有 JPEG、TIFF 等。导出文件有以下 3 种方法。

➢ 菜单命令：单击"文件"|"导出"命令。

➢ 快捷键：按【Ctrl＋E】组合键。

➢ 属性按钮：单击标准属性栏中的"导出"按钮 ⌨ 。

运用以上 3 种导出方法，都可以弹出"导出"对话框，选择相应的文件，单击"导出"按钮即可导出文件。下面介绍导出文件的具体操作方法。

Step 01 单击"文件"|"导出"命令，或者按【Ctrl＋E】组合键，弹出"导出"对话框，如图 9-22 所示，在其中设置文件的保存位置与文件名，在"保存类型"下拉列表框中选择需要的文件格式。

Step 02 单击"导出"按钮，弹出"导出到 JPEG"对话框，如图 9-23 所示，设置各参数。

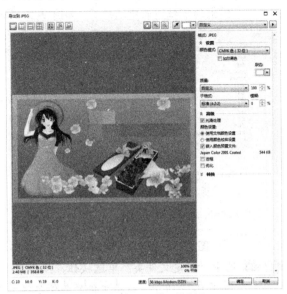

图 9-22　"导出"对话框　　　　　图 9-23　"导出到 JPEG"对话框

Step 03 单击"确定"按钮，即可得到导出的图形文件，如图 9-24 所示。

图 9-24　导出的 JEPG 图形

9.2.5　备份与恢复文件

在 CorelDRAW X7 中，可以设置自动备份文件功能，并在系统发生错误重新启动程序时，还可恢复备份文件，下面将分别对其进行讲解。

1.　自动备份文件

软件设置每隔 5 分钟自动备份一次，其具体操作步骤如下所述。

Step 01 单击"工具"|"选项"命令，或者按【Ctrl + J】组合键，弹出"选项"对话框，如图 9-25 所示，在对话框左侧展开"工作区"选项，选择"保存"选项，切换至"保存"选项区。

Step 02 在"自动备份"选项区中，选中"自动备份间隔"复选框，并单击其右侧的下拉菜单，在弹出的下拉列表中选择 5，如图 9-26 所示。

图 9-25 "选项"对话框

图 9-26 设置自动备份时间间隔为 5 分钟

Step 03 选中"特定文件夹"单选按钮，然后单击"浏览"按钮，将弹出"浏览文件夹"对话框，如图 9-27 所示。选择文件的备份路径，单击"确定"按钮，即可完成文件的自动备份功能设置，这样，在使用 CorelDRAW X7 时，系统会每隔 5 分钟就自动备份一次，并且备份文件所在的路径为用户设置的路径。

图 9-27 "浏览文件夹"对话框

▶ **专家指点**

在默认情况下，在 CorelDRAW X7 中，自动备份功能体现在以下 3 个方面。

➢ 当用户保存文件时，CorelDRAW X7 会自动将文件备份一份。

➢ 当用户使用 CorelDRAW X7 进行绘图时，每隔 20 分钟系统会自动对当前文件进行备份。

➢ 如果该文件没有被保存过，则备份文件被保存在临时文件夹中；如果该文件被保存过，备份所存储的位置就是保存文件所在的文件夹。

CorelDRAW X7 自动备份文件名比用户保存文件名要多几个字符，即"Backup_of_"。例如，保存文件时所用的文件名是"插画"，自动备份的文件名就是"Backup_of_插画"。

2. 恢复备份文件

在使用 CorelDRAW X7 进行绘图时，如果程序是非正常关闭，如突然断电或计算出现故障等，这时一般都来不及保存文件，这样就会给用户造成困扰。不过，遇到这种情况也没关系，因为 CorelDRAW 具有自动恢复功能。当重新启动 CorelDRAW X7 时，用户可以从临时或指定的文件夹中恢复备份的文件。

9.3　使用辅助绘图工具

在 CorelDRAW 绘制图形的过程中，用户可以设置标尺、网格、辅助线来精确设计和绘制图形，并可以利用辅助线来对齐对象，而在打印的时候，标尺、网格、辅助线等是不显示的。下面介绍应用辅助工具的操作方法。

9.3.1　使用标尺

单击"视图"|"标尺"命令，可以显示和隐藏标尺。标尺的坐标原点是可以由用户定义的，单击水平标尺和垂直标尺的相交位置，将其拖动到绘图窗口中的指定位置即可改变坐标原点。按住【Shift】键的同时，在两个标尺的相交处按住鼠标并拖动，在需要的位置时释放鼠标，即可改变标尺的坐标原点，如图 9-28 所示。

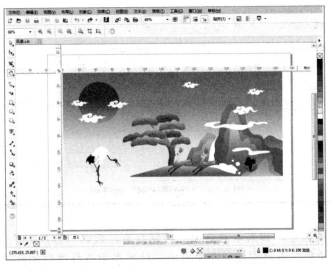

图 9-28　改变标尺位置

按住【Shift】键的同时，双击两个标尺的相交处，还原标尺位置。

在 CorelDRAW X7 中，还可以设置标尺的属性，如设置标尺的微调单位距离、计量单位及标尺原点位置等。单击"工具"|"选项"命令，弹出"选项"对话框，在该对话框的左侧依次展开"文档"|"辅助线"|"标尺"选项，切换到"标尺"选项区，如图 9-29 所示。

图 9-29　"标尺"选项区

单击"微调"数值框的微调按钮，可以设置微调的单位距离；在对话框中的"微调"选项区中可以设置标尺的单位；在"原始"选项区中可以分别设置水平标尺和垂直标尺的坐标原点；在"刻度记号"数字框中可以选择标尺的刻度大小。单击"编辑缩放比列"按钮，弹出"绘图比例"对话框，如图 9-30 所示，在对话框中可以设置典型比例、页面距离和实际距离之间的换算关系。

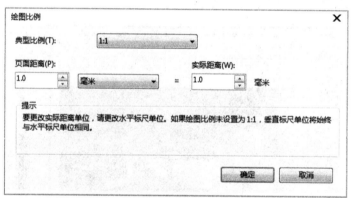

图 9-30　"绘图比例"对话框

▶ **专家指点**

在"标尺"选项区中，如果取消选中"再制距离、微调和标尺的单位相同"复选框，可以单击其上方"单位"下拉按钮，在弹出的下拉列表中选择微调的计量单位，如"英尺""厘米"等。

9.3.2　使用网格

应用网格辅助绘图时，可单击"视图"|"网格"|"文档网格"命令，可以显示和隐藏在整个绘图窗口中的网格，如图 9-31 所示。

单击"工具"|"选项"命令，弹出"选项"对话框，选择"网格"选项，如图 9-32 所示，或者在标尺上单击鼠标右键，选择"栅格设置"。

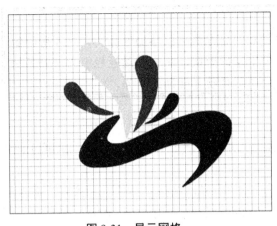

图 9-31　显示网格

图 9-32　"网格"选项区

在该对话框中，有"频率""间距"两种设置网格参数的方法。"频率"选项可以用来设置网格的密度，但要注意密度设置太大会影响图形对象移动或变形；"间距"选项用来设置网格点的间距。

9.3.3　使用辅助线

辅助线也叫导线，它是 CorelDRAW X7 绘图软件中最实用的辅助工具之一。辅助线在打印时不会被打印出来，但是在保存文档时，会随着绘制好的图形一起保存。

在水平标尺或者垂直标尺上按住鼠标左键，向绘图页面拖动时会出现一条虚线，至需要的位置后释放鼠标左键即可创建一条辅助线。在当前工具为选择工具时，可以将鼠标指针放在辅助线上，当鼠标指针呈↕形状或者↔形状时，能上下或者左右拖动辅助线。辅助线被选中后将会变成红色，再次单击选中的辅助线可以对辅助线的中心点和倾斜角度进行调整。

单击"工具"|"选项"命令，弹出"选项"对话框，然后在左侧的列表框中分别选择"选项"|"辅助线"选项下的"水平""垂直""辅助线"和"预设"选项，如图 9-33 所示，在右侧的窗口中完成相关的设置。

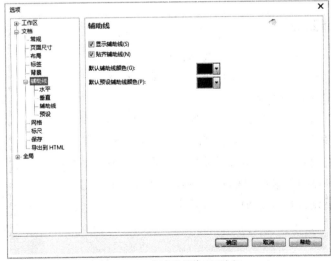

图 9-33　"辅助线"选项卡

▶ 专家指点

通过在绘图页面中调节辅助线的水平、垂直和倾斜方向可以协助选择工具对齐所绘制的对象。在当前工具为选择工具且没有选中任何对象的时候，单击其属性栏中的"对齐辅助线"按钮，还可以确保在接近辅助线绘制的图形自动与辅助线对齐。

9.3.4 设置贴齐对象效果

在 CorelDRAW X7 中增强了对象间的贴齐功能，不仅可以对齐相应的对象，还可以对齐对象上的特殊点和节点。

选取工具箱中的选择工具，在没有选中任何对象的时候，选择"工具"|"选项"命令，弹出"选项"对话框，接着选择"工作区"|"贴齐对象"选项，如图 9-34 所示，最后在右侧的窗口中选中"显示贴齐位置标记"复选框，单击"确定"按钮即可。

这样，在绘制新图形的时候就会发现已经绘制图形对象中的位置标记，方便了用户对齐图形操作。

图 9-34 "贴齐对象"选项卡

9.3.5 设置动态辅助线

选取工具箱中的选择工具，在没有选中任何对象的时候，单击菜单栏中的"视图"|"动态辅助线"命令，如图 9-35 所示，即可启用动态辅助线。

"动态辅助线"功能与"贴齐对象"的功能相似，但它更加精确。"动态辅助线"功能除了可以在绘制和编辑图形时进行多种形式的对齐外，还可以捕捉对齐到点、节点间的区域，对象中心和对象边界框等。还可以将每一个对齐点的尺寸、距离设置得很精确，丝毫不差。

图 9-35 单击"动态辅助线"命令

9.4　设置与显示文档版面

在 CorlDRAW X7 中，版面风格决定了文件打印的方式。用户可以根据设计的不同需要，对新建图形文件的页面大小、标签、背景、页面顺序及页数进行重新设置。

9.4.1　设置图形页面尺寸

在 CorlDRAW X7 中，使用"页面尺寸"菜单命令，可以对文档页面的大小、版面进行设定。首先，单击"工具"|"选项"命令，弹出"选项"对话框，如图 9-36 所示，单击"文档"|"页面尺寸"命令。

图 9-36　"选项"对话框

在该对话框中，用户可以选中"纵向"或者"横向"单选按钮，将页面设置为纵向或者横向，可以在"大小"下拉列表中选择需要的页面尺寸，也可以在"宽度"和"高度"微调框中自定义页面尺寸，设置完成后，单击"确定"按钮即可。

▶ **专家指点**

用户也可以在其属性栏中快速设定页面的大小，其方法是：在"纸张类型/大小"下拉列表中选择纸张的大小和类型，在"宽度"及"高度"增量框中自定义页面的尺寸大小，单击"纵向"按钮□或"横向"按钮□，可以快速切换页面为竖向或横向，页面属性栏如图 9-37 所示。

图 9-37　页面属性栏参数设置

9.4.2　设置图形页面标签

若用户需要使用 CorelDRAW X7 制作名片、工作牌等标签（这些标签可以在一个页面内打印），首先需要设置页面标签类型、标签与页面边界之间的间距等参数。下面介绍设置图形页面标签的操作方法。

Step 01　单击"工具"|"选项"命令，弹出"选项"对话框，在对话框的左侧依次展开"文档"|"标签"选项，切换至"标签"选项卡，如图 9-38 所示，选中"标签"单选按钮。

Step 02 在"标签"下方的列表框中选择一种标签类型，然后单击"自定义标签"按钮，弹出"自定义标签"对话框，如图 9-39 所示，在其中设置"行"和"列"的数值、标签的行数和列数，在"标签尺寸"选项级别中设置标签的"宽度"和"高度"（如果选中"圆角"复选框，则可创建圆角标签），在"页边距"选项区中设置标签到页面的距离。

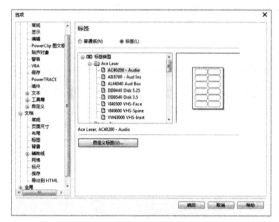

图 9-38 "标签"选项卡

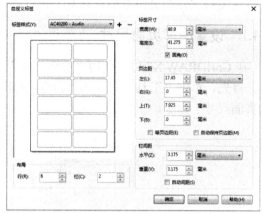

图 9-39 "自定义标签"对话框

Step 03 设置完成后，单击"确定"按钮即可。

9.4.3 布局版面设计风格

在设计平面作品时，用户可以根据需要设置页面的风格，从而方便操作。下面介绍布局版面设计风格的操作方法。

Step 01 单击"工具"|"选项"命令，弹出"选项"对话框，如图 9-40 所示，在该对话框左侧的列表框中依次展开"文档"|"布局"选项，可以设置版面的相关参数。

Step 02 在"布局"下拉列表中选择一种布局样式，若选中预览窗口下方的"对开页"复选框，则可在多个页面中显示对开页，在"起始于"下拉列表中可以选择文档的开始方向是从右边还是从左边开始，如图 9-41 所示。

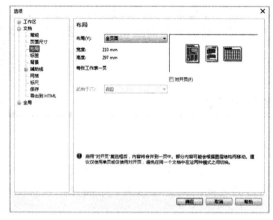

图 9-40 "选项"对话框

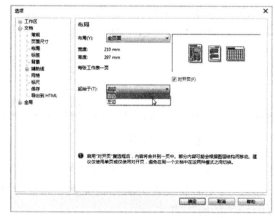

图 9-41 "选项"对话框

Step 03 在 CorelDRAW X7 中，提供的预设版面共有以下 7 种风格，如图 9-42 所示。

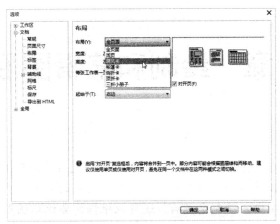

图 9-42　版面的设计风格

本章小结

　　本章主要介绍了 CorelDRAW X7 的基本操作内容。首先介绍了安装、启动与退出 CorelDRAW X7 的操作方法；接下来介绍了文件的基本操作，如新建、打开、保存、导入、导出、备份与恢复文件等；然后介绍了使用辅助绘图工具的方法，如标尺、网格、辅助线等内容；最后介绍了设置与显示文档版面的方法，如设置页面尺寸、页面标签以及布局版面风格等内容。通过本章的学习，读者可以熟练掌握一系列的 CorelDRAW X7 基本内容，为后面的学习奠定良好的基础。

课后习题

　　鉴于本章知识的重要性，为了帮助读者更好地掌握所学知识，本节将通过上机习题，帮助读者进行简单的知识回顾和补充。

　　本习题需要掌握标注图形对象的方法，素材（素材\第 9 章\课后习题.psd）与效果（效果\第 9 章\课后习题.psd）如图 9-43 所示。

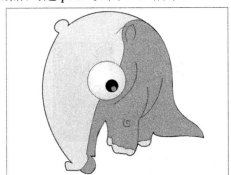

图 9-43　素材与效果

第 10 章   绘制和编辑图形对象

【本章导读】

创建与编辑图形是 CorelDRAW X7 的看家本领，它提供了矩形工具、椭圆工具、星形工具、图纸工具以及钢笔工具等一系列工具，这些工具被广泛应用于广告设计、包装设计、图案设计以及各种图形绘制中。绘制完成后，还可以根据需要编辑图形对象。本章主要介绍绘制与编辑图形对象的各种常用方法。

【本章重点】

> 运用图形工具绘制图形
> 图形对象的编辑方法和修整方法
> 选取与填充图形颜色

10.1   运用图形工具绘制图形

CorelDRAW X7 是一个绘图功能很强的应用软件，使用矩形工具组、椭圆工具组、多边形工具组、基本形状及智能工具组，可以很容易地绘制一些基本形状，如矩形、椭圆、多边形和螺纹等。本节主要介绍运用图形工具绘制图形的各种操作方法。

10.1.1   矩形和 3 点矩形工具

使用矩形工具，可以方便地绘制规则图形，绘制矩形有以下两种工具。

1. 矩形工具

选取工具箱中的矩形工具，或者按【F6】键，在绘图页面的合适位置单击鼠标左键，并拖动鼠标，绘制一个矩形框，释放鼠标即可得到一个矩形。运用矩形工具绘制矩形并填充颜色后的效果，如图 10-1 所示。

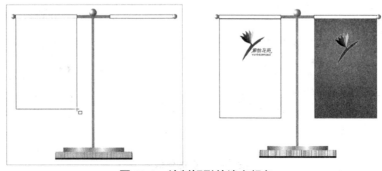

图 10-1   绘制矩形并填充颜色

在绘制过程中，按住【Ctrl】键的同时，绘制的图形则是正方形，如图 10-2 所示；若按住【Shift】键的同时，绘制的图形则是以起始点为中心的矩形；若按住【Ctrl＋Shift】组合键的同时，绘制的图形则是以起始点为中心的正方形。

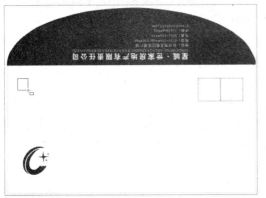
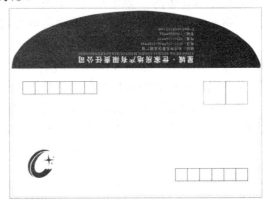

图 10-2　绘制正方形

使用矩形工具还可以绘制圆角矩形，选取工具箱中的矩形工具，在其属性栏的"矩形的边角圆滑度"微调框中，设置其圆角圆滑度，即能绘制出圆角矩形。运用矩形工具绘制圆角矩形的效果，如图 10-3 所示。

图 10-3　绘制圆角矩形

选取工具箱中的矩形工具，选中需要设置圆角边滑度的矩形，单击微调框后方的"锁定"按钮，解除锁定状态，并微调框中相应的数值，设置图形的圆角度。设置矩形角的不同圆滑度，如图 10-4 所示。

图 10-4　绘制不同圆滑度的圆角矩形

2. 3 点矩形工具

3 点矩形工具可以绘制任意角度的矩形，并可以通过指定的高度和宽度来绘制矩形。

选取工具箱中的 3 点矩形工具，在绘图页面的合适位置按下鼠标左键并同时向某一方向拖动一段距离，会出现一条直线，这条直线将作为矩形的基线。

释放鼠标左键，移动鼠标指针，基线的长度和方向都不会变，同时出现一个以鼠标指针为一个顶点，并且一条边在基线上的矩形，即这个矩形的一条边在基线上，以基线的长为宽度，单击鼠标指针到中心线的距离就是矩形的长度。

若对矩形的长度满意时，单击鼠标左键，即可绘制一个用户所需要的标准矩形。运用 3 点矩形工具绘制矩形并设置颜色后的效果，如图 10-5 所示。使用 3 点矩形工具绘制矩形的过程中，按住【Ctrl】键的同时，拖动创建的基线，就能以 15°为增量来限定基线的角度。

图 10-5　使用 3 点矩形工具绘制矩形

10.1.2　椭圆与 3 点椭圆工具

使用椭圆工具组在绘制椭圆的过程中，可以通过指定高度和宽度来绘制椭圆，并可以在其属性栏上设置其饼形或弧形。在 CorelDRAW X7 中，可以绘制椭圆的工具有两种，即椭圆工具和 3 点椭圆工具。

1. 椭圆工具

选取工具箱中的椭圆工具，或者按【F7】键，在绘图页面的合适位置按住鼠标左键，拖动到合适的位置，释放鼠标即可绘制椭圆形。设置渐变颜色后的效果如图 10-6 所示。

图 10-6　绘制椭圆并设置渐变颜色

在绘制椭圆的过程中，按住【Ctrl】键的同时可以绘制正圆，使用椭圆工具绘制正圆的效果如图 10-7 所示。

图 10-7　绘制正圆

按住【Shift】键的同时可以绘制以起点为中心的椭圆；按住【Ctrl＋Shift】组合键的同时可以绘制以起始点为中心的圆形。若用户需要绘制弧形或饼形时，可以先使用椭圆工具或 3 点椭圆工具绘制椭圆，再通过其属性栏的参数设置，即可得到弧形或饼形。

选取工具箱中的椭圆工具或按【F7】键，在绘图页面的合适位置按住鼠标左键并拖动鼠标绘制一个椭圆，释放鼠标左键，在其属性栏上单击“弧”按钮，椭圆将转换成一个饼形，将圆形转换为椭圆并移动位置后的效果如图 10-8 所示。单击其属性栏上的“饼图”按钮，可将椭圆转换成一个饼形。

图 10-8　椭圆转换为弧形

在 CorelDRAW X7 默认情况下，绘制的饼形和弧形的角度都是 270°，若要改变其角度，可以通过其属性栏上的“起始和结束角度”微调框来调整饼图或弧的角度。

选取工具箱的椭圆工具，选择绘图页面中的饼形，在其属性栏中的“起始和结束角度”的两个微调框中，上边的用来调整起始角度，下边的用来调整结束角度，饼形的起始角度和结束角度即发生改变，如图 10-9 所示。

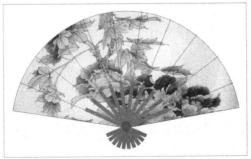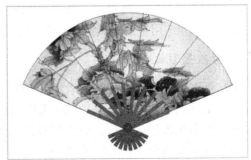

图 10-9　改变饼图的角度

2. 3点椭圆工具

3 点椭圆工具，可绘制任意角度的椭圆，并可以通过指定的高度和宽度来绘制椭圆，能够更方便地控制所绘制椭圆的大小。

操作方法：选取工具箱中的 3 点椭圆工具，在绘图页面的合适位置按住鼠标左键不放并拖动鼠标，绘制椭圆的中心线，释放鼠标左键，绘制椭圆中心线，再向中心线的一侧移动鼠标指针，即出现一个椭圆，鼠标指针到中心线的距离就是椭圆高度的一半。若对椭圆的大小满意时，单击鼠标左键，即可绘制椭圆。

图 10-10 为运用 3 点椭圆工具绘制椭圆并设置其颜色后的效果。

图 10-10 绘制椭圆并设置颜色

10.1.3 星形工具

绘制星形时，可以通过设置多边形工具属性栏中的参数，将多边形转换成星形。要设置星形的种类时，可以通过"选项"对话框中的相关选项卡进行设置。

1. 绘制星形图形

操作方法：选取工具箱中的星形工具，在其属性栏中的"点数或边数"和"锐度"微调框中输入相应数值，可以设置其尖角效果。设置完成之后，在绘图页面的合适位置按住鼠标左键，并拖动鼠标至合适大小，释放鼠标左键即可绘制星形。

图 10-11 为运用星形工具绘制星形并复制填充颜色后的效果。

2. 修改星形属性

用户可以通过其属性栏，或者用鼠标拖动节点，可以改变其边数或点数、各角的尖锐度等。选取工具箱中的星形工具，选中要修改的星形，在其属性栏中的"点数或边数"和"锐度"微调框中输入相应数值，可以设置其尖角效果。在绘图页面的合适位置按住鼠标左键，并拖动鼠标至合适大小，绘制星形。

改变多边形边数并设置颜色，绘制多边形星形的效果，如图 10-12 所示。

图 10-11 绘制星形并设置颜色

图 10-12 改变星形的边数并设置颜色

10.1.4 图纸工具

使用图纸工具可以非常方便地绘制图纸。

选取工具箱中的图纸工具，在其属性栏中的"列数和行数"微调框中，分别输入网格纸的列数和行数，在绘图页面的合适位置按住鼠标左键并拖动鼠标至合适大小。运用图纸工具绘制图纸并设置其颜色后的效果如图 10-13 所示。

> ▶ 专家指点
> 下面介绍 3 种图纸工具的操作技巧。
> ➤ 按住【Ctrl】键的同时，所绘制的图纸是正图纸形。
> ➤ 按住【Shift】键的同时，所绘制图纸就是以起始点为中心的图纸。
> ➤ 按住【Ctrl + Shift】组合键的同时，所绘制的图纸是以起始点为中心的正图纸。

图 10-13　绘制图纸

10.1.5　螺纹工具

使用螺纹工具可以绘制出对称式螺纹和对数式螺纹。对称式螺纹均匀扩展，每回圈之间的距离相等；对数式螺纹扩展时，回圈之间的距离不断增大，用户可以设置对数式螺纹的扩展参数。

选取工具箱中的螺纹工具，在其属性栏中的"螺纹回圈"微调框中输入 4，单击"对称式螺旋"按钮，在绘图页面的合适位置按住鼠标左键，并拖动鼠标至合适大小，即可得到一个图 10-14 所示的对称式螺纹。

若选中"对数式螺纹"按钮，将其属性栏中的"螺纹扩展参数"滑块调节到 30，在绘图页面中单击并拖动鼠标至合适大小，即可得到一个图 10-15 所示的对数式螺纹。

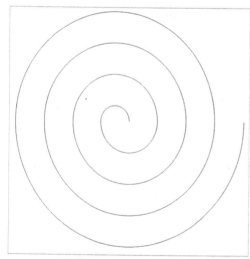
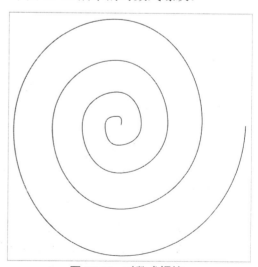

图 10-14　对称式螺纹　　　　　　　图 10-15　对数式螺纹

> ▶ 专家指点

下面介绍 3 种螺纹工具的操作技巧。

➤ 若按住【Ctrl】键的同时，所绘制的螺纹是正螺旋形。

➤ 按住【Shift】键的同时，所绘制螺纹是以起始点为中心的螺旋形。

➤ 按住【Ctrl + Shift】组合键的同时，所绘制的螺纹则是以起始点为中心的正螺旋形。

10.1.6　贝塞尔工具

使用贝塞尔工具可以很容易地绘制出直线、连续线段、多边形和曲线，并可以通过调整节点和控制柄的位置来控制曲线的弯曲度及图形的形状。下面介绍应用贝塞尔工具的方法。

Step 01　打开素材图像（素材\第 10 章\结婚请帖.cdr），如图 10-16 所示。

Step 02　在工具箱中，单击"手绘工具"按钮右下角的三角形按钮，展开工具组，在其中选择"贝塞尔"工具，如图 10-17 所示。

图 10-16　打开图像素材

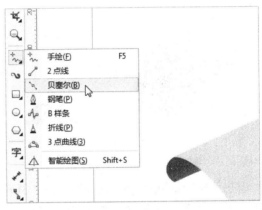

图 10-17　选择"贝塞尔"工具

Step 03　将鼠标指针放置于页面的合适位置并单击鼠标左键，确定直线的起始点，然后将鼠标指针移动到另一位置并单击，确定直线的终点，即可绘制出一条直线，如图 10-18 所示。

Step 04　按【Enter】键或者在工具箱中选取其他的工具，即可结束绘制直线的操作，然后在素材图像上的其他位置处继续绘制直线，最终效果如图 10-19 所示。

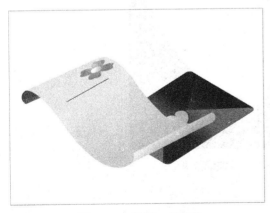

图 10-18　绘制一条直线

图 10-19　最终效果

10.1.7 钢笔工具

钢笔工具的使用方法和贝塞尔工具的使用方法相似，都可以绘制曲线和多边形图形及封闭图形。不同之处在于使用钢笔工具绘制曲线的过程中能在确定下一个节点之前预览到曲线的当前形状。钢笔工具还可以在绘制好的直线和曲线上添加或删除节点，从而更加方便地控制直线和曲线。下面介绍使用钢笔工具绘制图形的操作方法。

选取工具箱中的钢笔工具，此时鼠标指针呈 ♦× 形状，将鼠标指针移动到绘图页面中，单击鼠标确定曲线的起始点，按住鼠标左键不放并向任意方向拖动一段距离后释放鼠标，此时在节点两侧分别出现了两个控制柄，如图 10-20 所示。将鼠标指针移动到另一位置，按住鼠标左键并拖动一段距离后释放鼠标左键，绘制出图 10-21 所示的曲线。

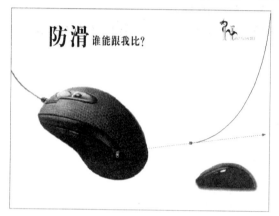

图 10-20 节点控制柄

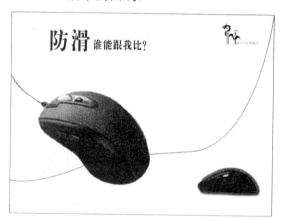

图 10-21 绘制的第 2 条曲线

若想要结束曲线的绘制，可以选取工具箱中的其他工具结束操作，若要继续绘制曲线，可以在另一位置单击并按住鼠标左键，拖动一段距离后释放鼠标左键，从而绘制出另一条曲线段。运用钢笔工具绘制曲线图形并设置渐变颜色后的效果，如图 10-22 所示。

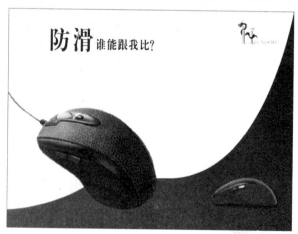

图 10-22 钢笔工具绘制的曲线效果

10.2　图形对象的编辑

刚绘制出来的图形可能不太符合用户的要求，此时需要对图形进行编辑与修改，使其更加完善。本节介绍多种编辑图形的方法，主要包括选择图形、调整图形位置、缩放图形大小以及复制图形对象等内容。

10.2.1　选择图形对象

选取工具箱中的"选择工具"，在对象上单击鼠标左键，即可选择对象，如图 10-23 所示。

图 10-23　选择单一对象

用户若要一次选择多个对象，可以使用鼠标拖曳的方法选择对象。选取工具箱中的"选择工具"，在要选择对象的合适位置处按住鼠标左键不放并拖动，此时出现一个虚线框，如图 10-24 所示，释放鼠标，即可选择多个对象。

图 10-24　选择多个对象

10.2.2　调整图形位置

在设计平面作品时，无论是绘制的图形、输入的文本，还是导入的位图，几乎都需要调整它们的位置。移动对象可以运用鼠标、属性栏、方向键和"变换"泊坞窗移动其位置，还可以将对象移动到另一页。下面介绍调整图形位置的操作方法。

Step 01 打开素材图像（素材\第 10 章\开心果糕.cdr），如图 10-25 所示。

Step 02 选取工具箱中的选择工具，选择"开心果糕"文字对象，如图 10-26 所示，将鼠标移至对象中心的位置上会呈 ✤ 形状。

Step 03 此时，按住鼠标左键并拖动，即可移动对象的位置，最终效果如图 10-27 所示。

图 10-25　打开素材图像　　　图 10-26　选择文字对象　　　图 10-27　最终效果

10.2.3　缩放图形大小

在 CorelDRAW X7 中，任何设计对象都可以被调整大小和缩放，当要调整对象的大小或者缩放对象时，可以通过属性栏设置调整对象，也可以拖动控制柄来调整或在相应的泊坞窗来完成操作。下面介绍缩放图形大小的操作方法。

Step 01 打开素材图像（素材\第 10 章\售楼广告.cdr），如图 10-28 所示。

Step 02 选取工具箱中的选择工具，在绘图页面中选择需要调整大小的图形对象，如图 10-29 所示。

图 10-28　打开素材图像　　　　　图 10-29　选择需要调整的对象

Step 03 在菜单栏中，单击"对象"|"变换"|"大小"命令，弹出"变换"泊坞窗，如图 10-30 所示。

Step 04 在"设置对象的宽度"数值框中，输入 x 参数为 291.0 mm，如图 10-31 所示。

图 10-30 "变换"泊坞窗

图 10-31 输入参数

Step 05 单击"应用"按钮，或者按【Enter】键，即可缩放对象，如图 10-32 所示。

图 10-32 缩放对象

10.2.4 复制图形对象

若用户在绘图操作过程中，需要两个或多个相同的图形，则无须重新绘制，通过复制、再制及克隆等命令复制该对象即可。下面介绍复制图形对象的操作方法。

Step 01 打开素材图像（素材\第 10 章\小草莓.cdr），如图 10-33 所示。

Step 02 使用选择工具，在绘图页面中选择需要复制的草莓对象，如图 10-34 所示。

Step 03 单击"编辑"|"复制"命令，如图 10-35 所示，复制对象至剪贴板上。

Step 04 单击"编辑"|"粘贴"命令，即可将复制对象粘贴至绘图页内，在绘图页上旋转对象并移动位置，即可完成操作，最终效果如图 10-36 所示。

图 10-33　打开素材图像

图 10-34　选择需要复制的草莓对象

图 10-35　单击"复制"命令

图 10-36　最终效果

10.3　图形对象的修整

为了帮助用户对对象的造形进行修整，CorelDRAW X7 提供了合并、修剪、相交、简化、前减后和后减前等一系列工具，可以将多个相互重叠的图形对象创建成一个新的图形对象，但这些工具只适用于使用绘图工具绘制的图形对象。本节主要介绍修整图形对象的操作方法。

10.3.1　合并图形对象

"合并"命令可以将选中的多个对象合并为一个新的具有单一轮廓的图形对象。合并对象有以下两种方法。

➢　菜单命令：使用选择工具选择两个或者两个以上的图形对象，单击"对象"|"造形"|"合并"命令。

➢　属性按钮：使用选择工具选择两个或者两个以上的图形对象，单击其属性栏中的"合并"按钮。

使用以上两种方法都可以将选中的对象合并在一起，合并后的图形属性由最后选择的图形属性确定。图 10-37 为合并两个图形后的效果。

图 10-37　合并对象图形效果

10.3.2　修剪图形对象

使用"修剪"命令可以剪掉目标对象与其他选中对象重叠的部分，保留不重叠的部分，而目标对象的基本属性保持不变。修剪对象有以下两种方法。

➤ 菜单命令：选取多个重叠对象，单击"对象"|"造形"|"修剪"命令。

➤ 属性按钮：选取多个重叠对象，单击其属性栏中的"修剪"按钮。

运用以上两种方法都可以将目标对象（即最后选择的对象）被来源对象修剪，保留目标对象属性。修剪对象并移去来源对象的效果如图 10-38 所示。

图 10-38　修剪图形

10.3.3　相交图形对象

"相交"命令与"修剪"命令的作用刚好相反，执行"相交"命令可以保留其他选择对象与目标对象重叠的部分，剪掉不重叠的部分。相交对象有以下两种方法。

➤ 菜单命令：选择多个对象，单击"对象"|"造形"|"相交"命令。

➤ 属性按钮：选择多个对象，单击其属性栏中的"相交"按钮。

运用以上两种方法都可以完成相交对象的操作，相交后的对象会保留最后选择对象的填充和轮廓属性。运用两个心形对象进行相交操作后，得到一个图形对象，并设置其颜色，再运用"副本"进行旋转，如图 10-39 所示。

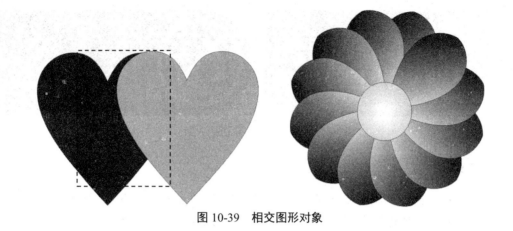

图 10-39　相交图形对象

10.4　选取与填充图形颜色

本节主要介绍 CoreIDRAW X7 中填充图形颜色的方法，掌握丰富的填充方式，给图形带来不同的填充效果。

10.4.1　运用"颜色滴管工具"填充颜色

运用"颜色滴管工具"可以为对象填充颜色，在运用"颜色滴管工具"时，需要先吸取颜色才能为对象填充相应颜色，下面介绍具体的操作方法。

Step 01　打开素材图像（素材\第 10 章\心心相印.cdr），如图 10-40 所示。

Step 02　在工具箱中选中"颜色滴管工具"按钮，如图 10-41 所示。

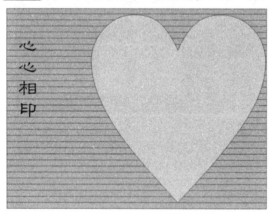

图 10-40　打开素材图像

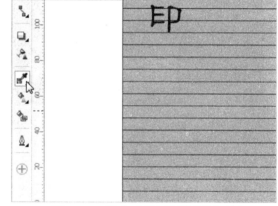

图 10-41　选中"颜色滴管工具"按钮

Step 03　在绘图页内，使用"选择颜色"工具在"心心相印"文字上选取填充颜色为红色，如图 10-42 所示。

Step 04　颜色选取完成后，"选择颜色"工具将自动转换为"应用颜色"工具，在需要填充的对象图形上，单击鼠标左键即可填充颜色为红色，最终效果如图 10-43 所示。

图 10-42　选取填充颜色

图 10-43　最终效果

10.4.2　运用"智能填充工具"填充颜色

在 CoreIDRAW X7 中的工具箱中，运用"智能填充工具"可以为对象填充颜色，下面介绍具体的操作方法。

Step 01　打开素材图像（素材\第 10 章\彩色滤镜.cdr），如图 10-44 所示。

Step 02　在工具箱中选中"智能填充工具"按钮，如图 10-45 所示。

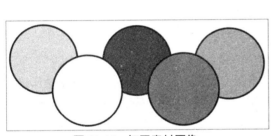

图 10-44　打开素材图像

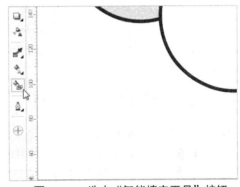

图 10-45　选中"智能填充工具"按钮

Step 03　在其属性栏中，单击"填充色"右侧的下拉按钮，在弹出的色块样式中，选择第 3 排第 5 个色块样式（"洋红"色块），如图 10-46 所示。

Step 04　选择完成后，在绘图页中需要填充颜色的对象上单击鼠标左键，即可为该对象图形填充颜色，最终效果如图 10-47 所示。

图 10-46　选择色块样式

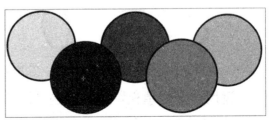

图 10-47　最终效果

10.4.3 运用"编辑填充"对话框填充颜色

运用"编辑填充"对话框,可以对选择的封闭对象填充标准色。

使用选择工具,选择对象,按【Shift+F11】组合键,即可打开"编辑填充"对话框,在该对话框中,可以单击"模型"选项卡、"混合器"选项卡、"调色板"选项卡,图 10-48 为"编辑填充"对话框中的"调色板"选项卡。

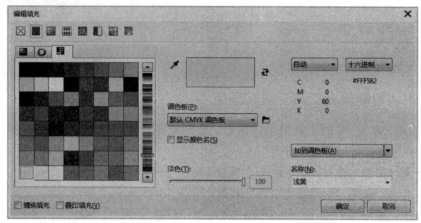

图 10-48 "编辑填充"对话框

在这些选项卡中都可以给选择的对象填充颜色,用户设置好需要填充的颜色后,单击"确定"按钮即可。

10.4.4 运用"调色板"填充颜色

使用调色板可以对任何选中或未选中的封闭图形对象进行单色填充。用户在操作过程中,若已先选择图形对象,直接单击调色板中的色块,即可将图形填充颜色;若用户在操作过程中未选择对象,需将颜色块拖曳至要填充颜色的图形对象上,如图 10-49 所示,即可填充对象颜色。

图 10-49 运用调色板填充颜色

10.4.5 运用"渐变填充"填充颜色

渐变填充是指在同一对象上应用两种或多种颜色之间的平滑渐进效果,从而达到对象的深度感，渐变填充方式主要有线性渐变、射线渐变、圆锥渐变和方角渐变等。按【F11】键，可以快速打开"编辑填充"对话框中的"渐变填充"选项卡，如图 10-50 所示。

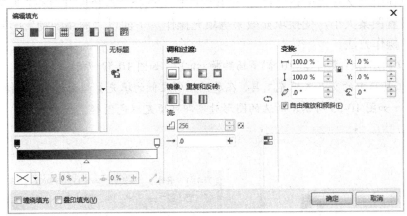

图 10-50　"渐变填充"选项卡

该对话框中的主要选项含义如下所述。

➢　　"填充挑选器"下拉按钮：从个人收藏或公共共享文件夹中挑选填充颜色、图样等。

➢　　"另存为新"按钮：保存当前填充颜色。

➢　　"节点颜色"选项：指定选定的节点颜色。

➢　　"节点透明度"选项：指定选定的节点颜色透明度。

➢　　"节点位置"选项：指定中间节点相对于第一个节点和最后一个节点的位置。

➢　　"调和方向"选项：调和两个选定的节点方向或选择一个中点。

➢　　"类型"选项区：选择渐变填充的类型，即线性、椭圆、圆锥和矩形 4 种选项。

➢　　"镜像、重复和翻转"选项区：设置渐变颜色的开始和结束位置。

➢　　"流"选项区：在该选项区可以设置渐变填充使用的步长、颜色调和的速度以及填充节点的平滑过渡。

➢　　"变换"选项区：可以设置对象的填充宽度、填充高度、向左向右水平偏移、向上向下垂直偏移、倾斜角度以及旋转颜色渐变序列。

设置完成后单击"确定"按钮，即可对图形渐变填充。运用"渐变填充"对话框填充各图形后的效果，如图 10-51 所示。

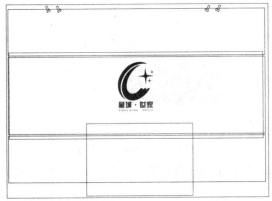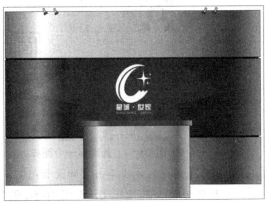

图 10-51　渐变填充及效果

10.4.6 运用"双色图样"填充颜色

用户可以使用"交互式填充工具",在其属性栏上选择"双色图样填充" 类型,选择颜色或图案,设置图案大小,变换填充效果等填充操作。下面以"商场购物"广告设计为例,介绍其具体的操作方法。

Step 01 打开素材图像(素材\第10章\商场购物.cdr),如图10-52所示。

Step 02 选取工具箱中的交互式填充工具,在属性栏中左侧的填充类型面板中,选择"双色图样填充",如图10-53所示,所选的图形对象即可填充双色图样。

图10-52 打开素材图像

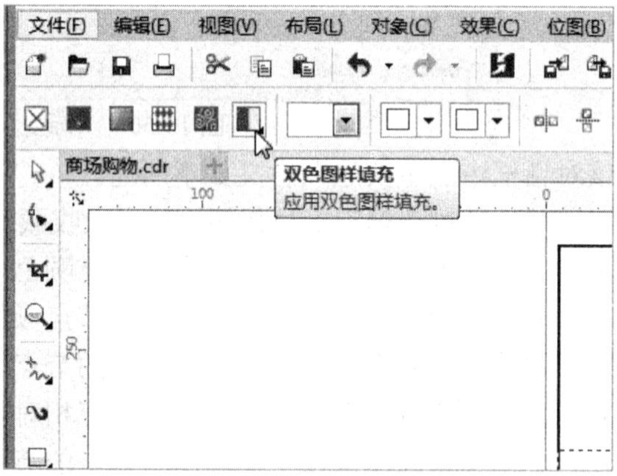

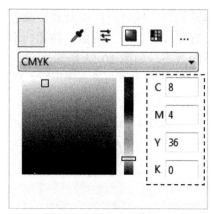

图10-53 选择"双色图样填充"

Step 03 在其属性栏中,单击"第一种填充色或图样"下拉按钮,在弹出的下拉列表框中,选择第一个图样,如图10-54所示。

Step 04 单击"前景颜色"下拉按钮,在弹出的下拉列表框中,设置CMYK参数值为8、4、36、0,如图10-55所示。

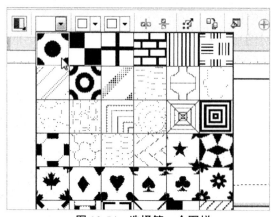

图10-54 选择第一个图样

图10-55 设置"前景颜色"

Step 05 用与上同样的方法单击"背景颜色"下拉按钮,在弹出的下拉列表框中,设置CMYK参数值为29、2、24、0,如图10-56所示。

Step 06 设置完成后,即可为图像填充颜色,设计背景墙纸,效果如图10-57所示。

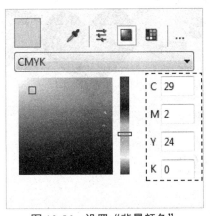

图 10-56　设置"背景颜色"

图 10-57　最终效果

10.4.7　运用"交互式网状填充工具"填充颜色

使用交互式网状填充工具，可以轻松地创建复杂的网状填充效果，下面介绍具体操作。

Step 01 单击"文件"｜"导入"命令，导入素材图像（素材\第 10 章\爱的翅膀.cdr），选择需要进行网状填充的图形，填充为红色，如图 10-58 所示。

Step 02 选取工具箱中的"交互式填充工具"右下角的黑色小三角块，在弹出的工具组中，选择"网状填充"选项，在绘图页内单击心形图形，出现网状节点，如图 10-59 所示。

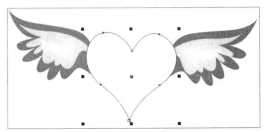

图 10-58　选择图形

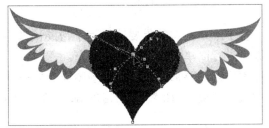

图 10-59　单击心形图形

Step 03 在其属性栏中设置"网格大小"，长和宽分别为 3 和 2，如图 10-60 所示，也可以双击节点，删除网格，或者是在网格上双击鼠标左键，添加节点。

Step 04 选中交叉节点，或者按住【Shift】键的同时，选择多个节点，单击调色板中的"颜色块"，或者在"颜色"泊坞窗中设置其颜色，如图 10-61 所示。

图 10-60　设置网格大小

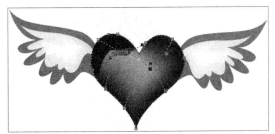

图 10-61　设置填充颜色

Step 05 用鼠标拖曳控制柄至合适位置，改变颜色的填充方向，效果如图 10-62 所示。

图 10-62　最终效果

本章小结

本章主要介绍绘制与编辑图形对象的操作方法。首先介绍了运用工具绘制图形的方法，如矩形工具、椭圆工具、星形工具、图纸工具、螺纹工具以及钢笔工具等；然后介绍了编辑与修整图形的方法，如选择图形、调整图形、缩放图形、复制图形、合并图形以及修剪图形等内容，最后介绍了选取与填充图形颜色的方法。通过本章的学习，读者可以熟练掌握CorelDRAW X7 的核心功能与一系列的实用技巧，帮助读者快速设计出漂亮、专业的平面作品。

课后习题

鉴于本章知识的重要性，为了帮助读者更好地掌握所学知识，本节将通过上机习题，帮助读者进行简单的知识回顾和补充。

本习题需要掌握使用"位图图样"填充图形的方法，素材（素材\第 10 章\课后习题.psd）与效果（效果\第 10 章\课后习题.psd）如图 10-63 所示。

图 10-63　素材与效果

第 11 章　制作丰富多样的图形特效

【本章导读】

在 CorelDRAW X7 中，不仅可以绘制出精美的图形，还可以为图形添加各种特殊的调和效果、立体效果以及滤镜效果等，将二维图形对象创建出三维的立体化视觉效果，使图形的外观更具有吸引力。本章主要介绍制作丰富多样的图形特效的操作方法。

【本章重点】

➢ 制作特殊的图形效果
➢ 制作图形的立体效果
➢ 制作位图的滤镜效果

11.1　制作特殊的图形效果

本节主要介绍 5 种图形的特殊效果，包括调和效果、变形效果、阴影效果、透明效果以及透镜效果，熟练掌握这些特殊效果的制作，可以使图形更加美观。

11.1.1　调和效果的制作

调和效果主要包括 3 种类型：直线调和、沿路径调和以及复合调和，调和效果可以应用于图形或者文本对象。在 CorelDRAW X7 中，可以利用工具创建调和效果，也可以利用泊坞窗创建调和效果。下面介绍创建调和效果的操作方法。

Step 01 打开素材图像（素材\第 11 章\复合调和效果.cdr），如图 11-1 所示。

Step 02 选取工具箱中的调和工具，将鼠标指针移到一个图形对象上，按住鼠标左键向另一个图形对象上拖动，当图形对象之间出现轮廓时，释放鼠标，即完成了复合调和效果的创建，如图 11-2 所示。

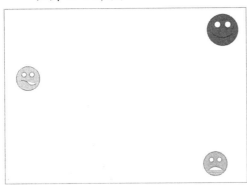

图 11-1　打开素材图像

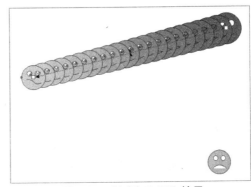

图 11-2　创建复和调和效果

Step 03 打开"调和"泊坞窗，设置"调和步长"为 5、"调和方向"为 180.0，在"颜色调和"栏中单击"顺时针调和"按钮，再单击"应用"按钮，即可完成"顺时针调和"设置，效果如图 11-3 所示。

Step 04 参照上面的操作，再创建一条复合调和效果，如图 11-4 所示。

图 11-3　设置调和效果　　　　　　　图 11-4　创建复和调和效果

11.1.2　变形效果的制作

运用 CorelDRAW X7 提供的交互式变形工具，可以对选中的简单对象进行随机变形，产生奇特的效果。下面介绍制作变形效果的 3 种方式。

1. 制作推拉变形

推拉变形效果又被分为"推"和"拉"两类。"推"：将需要变形的对象的节点，全部推离对象的变形中心产生的效果；"拉"：将需要变形的对象的所有节点，全部都拉向对象的变形中心产生的效果。下面介绍制作推拉变形效果的方法。

Step 01 新建空白文档，选取工具箱中的椭圆形工具，按住【Ctrl】键，绘制一个正圆，如图 11-5 所示，然后通过调色板将其填充为黄色，并在属性栏上设置"轮廓宽度"为"无"。

Step 02 选取工具箱中的变形工具，在属性栏上选择"推拉变形"按钮、在"预设列表"下拉框中选择"推角"，如图 11-6 所示。

图 11-5　绘制正圆图形　　　　　　　图 11-6　设置"预设列表"

Step 03 设置完成后，页面中的正圆图形发生变化，且中心点处会出现一个箭头光标，效果如图 11-7 所示。

Step 04 选中箭头光标并拖曳至合适位置处，即可改变图形样式，效果如图 11-8 所示。

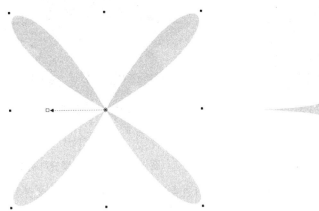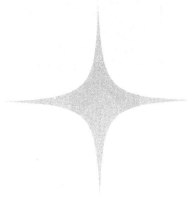

图 11-7　"推拉变形"初始效果　　　　　图 11-8　创建复和调和效果

Step 05 在属性栏上设置"推拉振幅"为 85，也可以得到相应的效果，如图 11-9 所示。

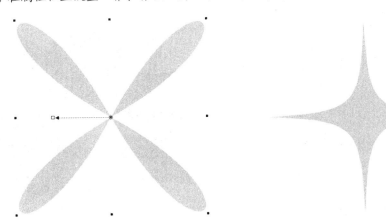

图 11-9　设置"推拉振幅"

2. 制作拉链变形

CorelDraw X7 中文版拉链变形允许将锯齿效果应用于对象的边缘，可以调整效果的振幅与频率。使用多边形工具绘制椭圆，在工具箱中找到"变形工具"，在上面的属性栏中单击"拉链变形"按钮，可以手动设置"拉链振幅"（调整锯齿效果中锯齿的高度）。拉链频率（用来调整锯齿效果中锯齿的数量）也可以直接在图形上拖曳，产生锯齿的效果。

Step 01 新建空白文档，选取工具箱中的星形工具绘制一个图形，在其属性栏中设置"点数或边数"为 9、"锐度"为 40、"轮廓宽度"为无，并在"调色板"中单击"紫色"色块填充图形，如图 11-10 所示。

Step 02 在工具箱中选取交互式填充工具，在属性栏中选择"渐变填充"，类型为"椭圆形渐变填充"，渐变颜色即默认为从白色到紫色，效果如图 11-11 所示。

图 11-10　绘制星形图形　　　　　　　　图 11-11　　"渐变填充"效果

Step 03 选中图形，按【Ctrl + C】和【Ctrl + V】键进行复制和粘贴，再等比例缩放并旋转调整图形，如图 11-12 所示。

Step 04 参照上一步操作，调整图形，效果如图 11-13 所示。

图 11-12　复制调整图形　　　　　　　　图 11-13　复制调整图形效果

Step 05 选择所有星形图形，再选取工具箱中的变形工具，在属性栏中单击"拉链变形"按钮，设置"拉链振幅"为 90、"拉链频率"为 2，如图 11-14 所示。

Step 06 变形后，在图像对象上会显示变形的控制线和控制点，移动控制点至合适位置，效果如图 11-15 所示。

图 11-14　设置"拉链振幅"　　　　　　　　　　图 11-15　最终效果

3. 制作扭曲变形

CorelDraw X7 中的扭曲变形功能允许旋转对象创建漩涡效果，可以选定漩涡的方向、旋转度和旋转量。下面介绍制作扭曲变形的操作方法。

Step 01 新建空白文档，在工具箱中选择星形工具，绘制一个星形图形，如图 11-16 所示。

Step 02 选中星形图形，在属性栏中设置"点数或边数"为 9、"锐度"为 60、"轮廓宽度"为无，并在"调色板"中单击"红色"色块填充图形，效果如图 11-17 所示。

图 11-16　绘制星形图形　　　　　　　　　　图 11-17　调整图形样式效果

Step 03 选中星形图形，从工具箱中选取变形工具，在属性栏中单击"扭曲变形"按钮，再单击"逆时针旋转"按钮，然后再设置"完整旋转"为 1，效果如图 11-18 所示。

图 11-18　设置"扭曲变形"效果

11.1.3　阴影效果的制作

阴影效果是指在二维对象上，运用交互式阴影工具使其产生较真实的三维阴影效果，且可以模拟光源从特定的透视点照射到对象上的效果。

1.　制作阴影效果

运用 CorelDRAW X7 提供的阴影工具，可以方便的为选中对象创建阴影效果。利用交互式阴影工具创建阴影效果的操作步骤如下所述。

在工具箱中选取星形工具，在页面上绘制一个星形图形，在属性栏上设置"点数或边数"为 5、"锐度"为 40、"轮廓宽度"为"无"，效果如图 11-19 所示。选取工具箱中的阴影工具，将鼠标指针移到选中的对象上，单击鼠标左键并向任意方向拖动鼠标，即可为选中的对象创建阴影效果，如图 11-20 所示。

图 11-19　绘制星形图形

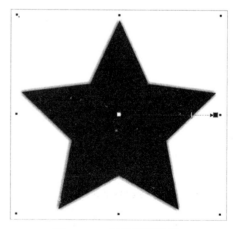

图 11-20　创建阴影效果

2．编辑阴影效果

创建完阴影效果后，如果对创建的效果不够满意或是要进一步完善效果，可以通过交互式阴影工具的属性栏来编辑阴影效果。交互式阴影工具属性栏如图 11-21 所示。

图 11-21　"阴影工具"属性栏

下面介绍阴影工具属性栏中各主要选项的功能。

➤　"阴影偏移"选项 ：可以通过直接输入数值，精确定位"阴影偏移"的具体坐标，主要用于设置阴影与图形之间的偏移距离。

➤　"阴影的不透明度"选项 ：可以调节阴影的不透明度，其调节范围为"0~100"，当输入数值为 0 时，阴影效果完全透明，当输入数值为 100 时，阴影效果完全不透明，不同数值产生的阴影效果不同，如图 11-22 所示。

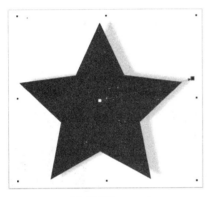

透明度为 18　　　　　　　　　　　　　　透明度为 80

图 11-22　不同"阴影的不透明度"数值的效果

➤　"阴影羽化"选项 ：可以调节产生的阴影的模糊度，其调节范围为"0~100"，当数值为 0 时，没有羽化效果，数值越大，产生的阴影效果越模糊，如图 11-23 所示。

羽化值为 0　　　　　　　　　　　　　　羽化值为 18

图 11-23　不同"阴影羽化"数值的效果

➢ "羽化方向"按钮 🔲₄：单击此按钮，在弹出的"羽化方向"调板中，可以选中阴影的羽化方向，如图 11-24 所示。调板中包括 4 个选项，"向内"：可以生成一种柔化的阴影效果，如图 11-25 所示；"中间"：可以生成一种模糊的阴影效果，如图 11-26 所示；"向外"：可以生成一种密集而柔化，又非常明显的阴影效果，如图 11-27 所示；"平均"：可以生成一种介于"向内"和"向外"之间的阴影效果，如图 11-28 所示。

图 11-24　"羽化方向"调板　　　　　　图 11-25　"向内"效果

图 11-26　"中间"效果　　　图 11-27　"向外"效果　　　图 11-28　"平均"效果

➢ "羽化边缘"按钮 🔲：单击该按钮，弹出"阴影羽化边缘"调板，在此调板中可以为交互式阴影选择羽化边缘的样式，如图 11-29 所示。调板包括 4 个选项，"线性"：可以生成不突出柔和羽化边缘的阴影效果，如图 11-30 所示；"方形的"：可以将羽化边缘扩展到边缘以外，生成柔和边缘的阴影效果，如图 11-31 所示；"反白方形"：单击该按钮，可以将羽化边缘扩展到边缘以外，生成突出边缘的阴影效果，如图 11-32 所示；"平面"：单击该按钮，可以取消羽化边缘，生成一种密集不透明的阴影效果，如图 11-33 所示。

图 11-29　"阴影羽化边缘"调板　　　图 11-30　"线性"效果　　　图 11-31　"方形的"效果

图 11-32　"反白方形"效果

图 11-33　"平面"效果

11.1.4　透明效果的制作

透明效果是指利用交互式透明工具，对选中对象创建的一种特殊视觉效果，利用透明效果可以显示出重叠图形对象中位于下面的图形。利用工具箱中的透明度工具，可以创建各种各样的透明效果，如标准透明效果、渐变透明效果、图样透明效果、底纹透明效果等。这些透明效果的创建方法一样。

在绘图页面中导入一张用作透明效果的图片，并运用挑选工具选中对象，如图 11-34 所示。选取工具箱中的透明度工具，在其属性栏上的"透明度类型"下拉列表中选中"线性"选项，即可为选中的对象创建线性透明效果，如图 11-35 所示。

图 11-34　创建透明效果对象

图 11-35　为选中对象创建线性透明效果

在其属性栏上的"透明度操作"下拉列表中通过选中其他选项，可以创建丰富的透明效果，用户可以自行尝试使用这些功能。

平面设计综合教程

11.1.5 透镜效果的制作

透镜效果是一种能够模拟类似透过不同的透镜观察事物所看到的效果，它只改变透镜下方对象的显示方式，而不改变对象的实际属性，透镜效果可以应用于任何矢量对象或位图对象，但这些矢量对象必须是封闭的。下面介绍制作透镜效果的操作方法。

Step 01 按【Ctrl＋I】组合键，导入一个项目文件（素材\第 11 章\透镜效果.jpg），如图 11-36 所示。

Step 02 单击"效果"|"透镜"命令，弹出"透镜"泊坞窗，如图 11-37 所示。

图 11-36 导入文件

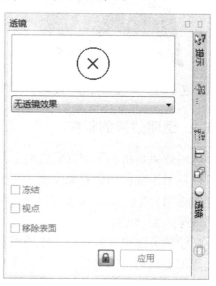

图 11-37 "透镜"泊坞窗

Step 03 在工具箱中选取椭圆形工具，在图像上的适当位置绘制一个椭圆形，如图 11-38 所示。

Step 04 在"透镜"泊坞窗中的"透镜类型"下拉列表中选择"放大"样式，如图 11-39 所示。

图 11-38 绘制椭圆形

图 11-39 选择"放大"样式

Step 05 设置"数量"为 2.0，即可为椭圆形区域内的对象添加透镜效果，如图 11-40 所示。

图 11-40　应用"透镜"效果

11.2　制作图形的立体效果

立体化效果是指在二维对象上，运用立体化工具使其产生三维立体的一种视觉效果，立体化的深度、光照的方向及旋转角度等决定了立体化的外观。本节主要介绍制作图形立体效果的操作方法。

11.2.1　轮廓图效果的制作

在 CorelDRAW X7 中，可以利用工具创建轮廓图效果，也可以利用泊坞窗创建轮廓图效果。制作轮廓图效果的方法很简单。首先选取工具箱中的文字工具，在绘图页面中输入用于创建轮廓图效果的对象文字，如图 11-41 所示。选取工具箱中的选择工具，选中输入的文字对象。选取工具箱中的轮廓图工具，单击属性栏上的"外部轮廓"按钮，在"轮廓图步长"数值框中输入 1、在"轮廓图偏移"数值框中输入 0.5，单击属性栏中的"轮廓色"按钮和"填充色"按钮，在弹出的下拉列表中设置轮廓色和填充色为白色，效果如图 11-42 所示。

图 11-41　输入文字

图 11-42 创建轮廓图效果

> ▶ **专家指点**
>
> 轮廓图效果是指由图形对象的轮廓向内或者向外放射的层次效果，它是由多个同心线圈组成的。使用轮廓图工具，会使对象产生向外或向内的边框线，为轮廓填充颜色，会产生类似调和的效果，轮廓图也是渐变的步数向图形中心、内部和外部进行调和，达到有一定深度的图形效果，轮廓图效果是指由图形对象的轮廓向内或者向外放射的层次效果，它是由多个同心线圈组成的。轮廓图只能用于一个图形。

11.2.2 封套效果的制作

封套效果是指通过设置对象周围的闭合形状，来改变对象形状的效果，为对象设置了封套效果后，就可以通过移动封套节点来改变对象的形状，线条、美术文字和段落文本都可以应用封套效果。

在 CorelDRAW X7 中，使用交互式封套工具可以将对象快速建立封套效果，然后通过调整封套的造型改变对象的形状。用户可以利用交互式工具创建封套效果，也可以利用泊坞窗创建封套效果。下面介绍这两种创建封套效果的方法。

1. 利用封套工具创建封套效果

利用交互式封套工具创建封套效果的具体操作步骤如下所述。

选取工具箱中的封套工具，此时在选中的图形对象周围将出现带有控制点的蓝色虚线框，如图 11-43 所示。将鼠标指针移动到控制点上，单击鼠标左键并拖动控制点上的控制柄，即可改变图形对象的形状，效果如图 11-44 所示。

图 11-43 封套边框

图 11-44 为对象应用封套效果

2．利用泊坞窗创建封套效果

利用泊坞窗创建封套效果的具体操作步骤如下所述。

单击"效果"|"封套"命令或"窗口"|"泊坞窗"|"效果"|"封套"命令，弹出"封套"泊坞窗，如图 11-45 所示。在泊坞窗中单击"添加预设"按钮，在弹出的下拉列表中选中一种封套样式，如图 11-46 所示。

图 11-45　"封套"泊坞窗

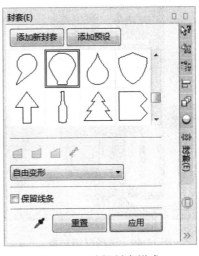

图 11-46　选择封套样式

设置完成后，单击"应用"按钮即可，效果如图 11-47 所示。应用设置好的封套效果后，还可以通过调节封套的节点改变封套的形状，如图 11-48 所示。

图 11-47　应用封套效果

图 11-48　改变封套的形状

11.2.3　透视效果的制作

使用"添加透视"命令，可以在绘图页面中方便地创建透视图效果。下面介绍制作透视效果的操作方法。

平面设计综合教程

Step**01** 打开素材图像（素材\第 11 章\创建透视效果.cdr），选择"地"字所在的群组对象，如图 11-49 所示。

Step**02** 单击"效果"|"添加透视"命令，图形对象的周围将显示一个带有 4 个节点的网格，如图 11-50 所示。

图 11-49 选择群组对象

图 11-50 显示网格

Step**03** 将鼠标移至网格左上角的节点上，当鼠标指针呈十字形时，单击鼠标左键并垂直向上拖曳，如图 11-51 所示。

Step**04** 至合适的位置后释放鼠标，即可移动节点，如图 11-52 所示。

图 11-51 拖曳鼠标

图 11-52 移动节点

Step**05** 用与上同样的方法，调整图形左下角的节点至合适的位置，创建图形透视效果，如图 11-53 所示。

Step**06** 用与上面同样的方法，为另外两个群组图形添加透视效果，如图 11-54 所示。

图 11-53　创建透视效果　　　　　　图 11-54　创建其他透视效果

> ▶ 专家指点
>
> 透视效果可以应用于任何使用 CorelDRAW X5 创建出来的对象或群组对象，但不可应用于段落文本、位图、链接对象和应用了轮廓线、调和、立体化以及由艺术笔创建的对象。

11.2.4　立体化效果的制作

使用工具箱中的立体化工具，可以轻松地为图形对象添加具有专业水准的矢量图立体化效果或位图立体化效果，并可以更改图形对象立体效果的颜色、轮廓以及为图形对象添加照明效果。立体化属性包括立体化类型、立体化深度、立体化旋转度、立体的颜色、立体的斜角修饰边、立体照明等。

在工具箱中选择立体化工具，选择立体化效果，其属性栏如图 11-55 所示。

图 11-55　立体化工具属性栏

该属性栏中主要选项的含义如下所述。

➢ "预设列表"按钮 ：在此下拉列表框中提供了 6 种预置的立体效果，如图 11-56 所示。

➢ "立体化类型"按钮 ：该下拉列表框中包括 6 种不同的立体化类型，如图 11-57 所示，用户可以根据需要为图形对象设置不同类型的立体化效果。

图 11-56　预置的立体效果　　　　　图 11-57　立体化类型

➢ "深度"选项 ：该数值框可以设置立体化的深度。在该数值框中输入的数值越大，深度就越大，反之，就越小。分别输入 10 与 20 时的效果如图 11-58 所示。

深度值为 10 时的效果　　　　　　深度值为 20 时的效果

图 11-58　设置不同深度的效果

> "灭点坐标"选项：该数值框决定了图形对象各点延伸线向消失点外延相交点的坐标位置。

> "灭点锁定到对象"按钮：在该下拉列表框中有 4 个选项。其中，"灭点锁定到对象"选项是 CorelDRAW X7 中的默认选项，移动图形对象时，灭点和立体效果也将同时移动；选择"灭点锁定到页面"选项时，图形对象的灭点将锁定到页面对面上，在移动图形时灭点将保持不变；选择"复制灭点"选项时，可以将一个立体化图形对象的灭点复制到另一个立体化图形对象上；选择"共享灭点"选项时，可以允许多个图形对象共同使用一个灭点。

> "页面或对象灭点"按钮：在未单击该按钮时，"灭点坐标"的数值是相对于图形中心的距离；单击该按钮后，"灭点坐标"的数值就变成相对于页面坐标原点的距离。

> "立体化旋转"按钮：在弹出立体旋转设置面板中，将鼠标指针移动到此面板中，变成手形符号。拖动手形符号，旋转面板中的数字，即可调整立体化图形的视觉角度，如图 11-59 所示。单击面板左下角的按钮，可以还原为初始设置；单击面板右下角的按钮，该面板便切换在"旋转值"面板，在数值框中输入数值，可精确地设置立体化对象的旋转角度值。

 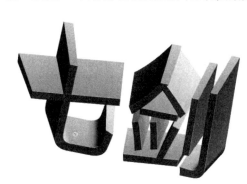

图 11-59　设置立体的方向及效果

> "立体化颜色"按钮：单击该按钮，即可弹出"颜色"面板，如图 11-60 所示。单击"使用对象填充"按钮，可以使用一种颜色对立体化图形对象进行填充；单击"使用纯色"按钮，通过单击其中的颜色按钮，在弹出的调色板颜色列表框中选择需要的颜色即可；单击"使用递减的颜色"按钮，分别在"从"和"到"下拉列表框中选择所需要的颜色即可。使用"使用递减的颜色"产生的立体效果，如图 11-61 所示。

图 11-60　"颜色"面板

图 11-61　使用"使用递减的颜色"产生的立体效果

➤　"立体化倾斜"按钮：该选项用于将立体化图形对象的边缘制作出斜角效果，单击该按钮，弹出相应面板，在该面板中选中"使用斜角修饰边"复选框，在"斜角修饰边深度"和"斜角修饰边角度"数值框中输入数值即可，如图 11-62 所示。

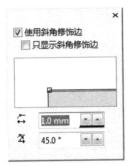

图 11-62　斜角修饰边效果

➤　"立体化照明"按钮：使立体图形对象产生一种有灯光照射的效果。单击该按钮，弹出相应面板，分别单击该面板中的"光源 1""光源 2""光源 3"按钮，在右侧预览框的边框上将显示编号，可以通过移动编号的位置来设置模拟灯的位置。单击"光源 2"按钮后的效果，如图 11-63 所示。

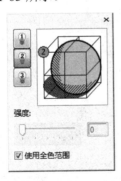

图 11-63　设置光源效果

11.2.5　斜角效果的制作

斜角效果通过使对象的边缘倾斜，将二维深度立体效果添加到图形或文本对象。为对象

平面设计综合教程

创造凸起或浮雕的视觉效果。创建出的效果可以随时移除，斜角效果只能应用到矢量对象和美术字中，不能应用到位图。下面介绍制作斜角效果的操作方法。

Step 01 选取工具箱中的矩形工具，在绘图页面上绘制一个矩形图形，在工具属性栏上设置"轮廓宽度"为"无"，在"调色板"上单击"春绿"色块填充颜色，如图 11-64 所示。

Step 02 单击"效果"｜"斜角"命令，打开"斜角"泊坞窗，如图 11-65 所示。

图 11-64　绘制矩形

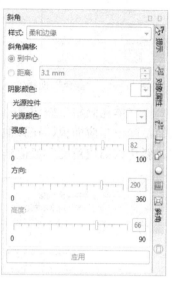

图 11-65　"斜角"泊坞窗

Step 03 选取工具箱中的选择工具，选中矩形图形，然后在"斜角"泊坞窗中设置"样式"为"柔和边缘"、选中"到中心"单选按钮、"阴影颜色"为黑色、"光源颜色"为白色、"强度"为 82，"方向"为 90、"高度"为 66，如图 11-66 所示。

Step 04 单击"应用"按钮，即可为矩形图形添加相应效果，如图 11-67 所示。

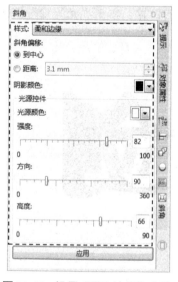

图 11-66　设置"柔和边缘"参数

图 11-67　应用"柔和边缘"效果

Step 05　复制矩形图形，选取工具箱中的选择工具将其选中，单击"效果"｜"清除效果"，即可清除复制在图形上的"柔和边缘"样式效果，如图 11-68 所示。

Step 06　选中矩形图形，然后在"斜角"泊坞窗中设置"样式"为"柔和边缘"、选中"距离"单选按钮，"距离"为 3.5 mm、"阴影颜色"为黑色、"光源颜色"为白色、"强度"为 75，"方向"为 90、"高度"为 60，如图 11-69 所示。

图 11-68　清除"柔和边缘"效果

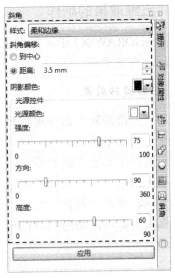

图 11-69　设置"柔和边缘"参数

Step 07　单击"应用"按钮，即可为矩形图形添加相应效果，如图 11-70 所示。

图 11-70　应用"柔和边缘"效果

11.3 制作位图的滤镜效果

在 CorelDRAW X7 中，提供了一系列用于创建位图滤镜效果的菜单命令，运用这些命令可以创建出专业的具有艺术气息的位图效果。本节主要介绍制作各种常用位图滤镜的方法。

11.3.1 三维效果的制作

在 CorelDRAW X7 中，提供了 7 种用于位图对象的三维效果，运用这些效果可以使位图更加生动，有艺术感。

1. 三维旋转效果

运用"三维旋转"命令可以使图像产生一种深巷般的效果。为位图添加三维旋转效果的具体操作步骤如下所述。

运用选择工具选中需要添加三维效果的位图。单击"位图"|"三维效果"|"三维旋转"命令，在弹出的"三维旋转"对话框中的"垂直"和"水平"文本框中设置位图的垂直和水平旋转方向。单击"预览"按钮，可以观察绘图页面上的位图效果，达到满意效果后，单击"确定"按钮即可，如图 11-71 所示。

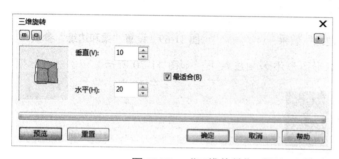

图 11-71 "三维旋转"对话框及位图三维旋转效果

> "垂直"选项：可以在垂直方向上旋转位图对象。
> "水平"选项：可以在水平方向上旋转位图对象。
> "最适合"选项：可以使图像适合图框。

2. 柱面效果

运用"柱面"命令可以使图像产生类似于圆柱表面贴图的凸出或是凹陷曲面贴图的效果。为位图添加柱面效果的具体操作步骤如下所述。

运用选择工具选中需要添加柱面效果的位图。单击"位图"|"三维效果"|"柱面"命令，在弹出的"柱面"对话框中的"柱面模式"选项区中，选中水平或垂直模式，拖动"百分比"右侧的滑块，设置变形贴图的范围。单击"预览"按钮观察绘图页面上的效果，满意后单击"确定"按钮即可，如图 11-72 所示。

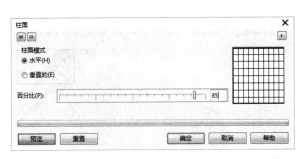

图 11-72　"柱面"对话框及位图柱面效果

➢ "水平"选项：可以使图像产生一种贴在水平圆柱上的凸出效果或凹陷效果。
➢ "垂直"选项：可以使图像产生一种贴在垂直圆柱上的凸出效果或凹陷效果。
➢ "百分比"选项：可以设置缠绕的强度。

3. 浮雕效果

运用"浮雕"命令可以使图像产生一种类似于浮雕的效果。为位图添加浮雕效果的具体操作步骤如下所述。

运用选择工具选中需要添加浮雕效果的位图。单击"位图"|"三维效果"|"浮雕"命令，在弹出的"浮雕"对话框中，拖动"深度"右侧的滑块，设置浮雕效果的深度，拖动"层次"右侧的滑块，设置浮雕效果层次。在"浮雕色"选项区中，选择一种浮雕颜色模式，若选中"其它"选项，可以单击 在位图或左方的预览窗口中选取浮雕的颜色，也可以在其左侧的颜色下拉调板中选择一种颜色。在"方向"选项右侧的文本框中，设置光源的照射方向。单击"预览"按钮观察绘图页面上的效果，满意后单击"确定"按钮即可，如图 11-73 所示。

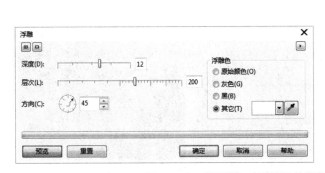

图 11-73　"浮雕"对话框及位图浮雕效果

4. 卷页效果

运用"卷页"命令可以使图像产生一种类似于卷纸的效果。为位图添加卷页效果的具体操作步骤如下所述。

运用选择工具选中需要添加卷页效果的位图。单击"位图"|"三维效果"|"卷页"命令，在弹出的"卷页"对话框中，单击一种页面卷角按钮，设置卷角方式。在"定向"选项区中

平面设计综合教程

选择页面卷曲的方向，在"纸张"选项区中，设置纸张卷角是否透明，在"颜色"选项区中设置"卷曲"的颜色和"背景"的颜色，拖动"高度"和"宽度"右侧的滑块，设置卷曲的位置。单击"预览"按钮观察页面效果，满意后单击"确定"按钮即可，如图 11-74 所示。

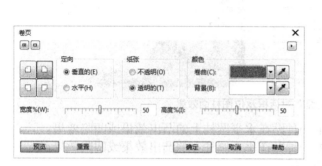

图 11-74　"卷页"对话框及位图卷页效果

11.3.2　艺术笔触的制作

CorelDRAW X7 提供了 14 种用于位图对象的艺术笔触效果。

1. 炭笔画

运用"炭笔画"命令可以使位图产生一种类似于使用炭笔在画板上画图的效果。它可以将图像转化为黑白颜色。为位图对象添加炭笔画效果的具体操作步骤如下所述。

运用选择工具选中需要添加炭笔画效果的位图。单击"位图"|"艺术笔触"|"炭笔画"命令，在弹出的"炭笔画"对话框中，拖动"大小"选项和"边缘"选项右侧的滑块，分别设置画笔的尺寸和边缘的大小。单击"预览"按钮观察绘图页面上的效果，满意后单击"确定"按钮即可，如图 11-75 所示。

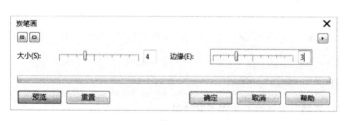

图 11-75　"炭笔画"对话框及位图炭笔画效果

2. 单色蜡笔画

运用"单色蜡笔画"命令可以使位图产生一种雾化效果。为位图对象添加单色蜡笔画效果的具体操作步骤如下所述。

运用选择工具选中需要添加单色蜡笔画效果的位图。单击"位图"|"艺术笔触"|"单色蜡笔画"命令，在弹出的"单色蜡笔画"对话框中的"单色"选项区中，选中各色块左侧的

复选框，选择粉笔颜色。拖动"压力"选项和"底纹"选项右侧的滑块，分别设置图像效果的柔和程度和纹理效果。单击"预览"按钮观察绘图页面上的效果，满意后单击"确定"按钮即可，如图 11-76 所示。

图 11-76　"单色蜡笔画"对话框及位图单色蜡笔画效果

3. 蜡笔画

运用"蜡笔画"命令，可以使位图产生一种类似于蜡笔画出来的熔化效果。为位图对象添加蜡笔画效果的具体操作步骤如下所述。

运用选择工具选中需要添加蜡笔画效果的位图。单击"位图"|"艺术笔触"|"蜡笔画"命令，在弹出的"蜡笔画"对话框中，拖动"大小"选项和"轮廓"选项右侧的滑块，分别设置蜡笔笔头的大小和轮廓线的粗细。单击"预览"按钮观察绘图页面上的效果，满意后单击"确定"按钮即可，如图 11-77 所示。

图 11-77　"蜡笔画"对话框及位图蜡笔画效果

4. 立体派

运用"立体派"命令可以使位图产生一种类似于绘画艺术中立体派风格的效果。为位图对象添加立体派效果的具体操作步骤如下所述。

运用选择工具选中需要添加立体派效果的位图。单击"位图"|"艺术笔触"|"立体派"命令，在弹出的"立体派"对话框中拖动"大小"选项和"亮度"选项右侧的滑块，分别设置图像的柔和效果和亮度。单击"纸张色"选项右侧的下拉列表按钮，在弹出的下拉列表框中选择一种纸张颜色。单击"预览"按钮，观察绘图页面上的效果，满意后单击"确定"按钮即可，如图 11-78 所示。

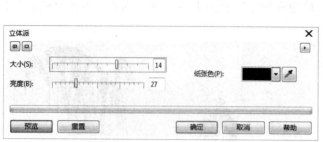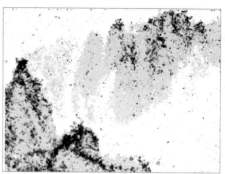

图 11-78 "立体派"对话框及位图立体派效果

11.3.3 模糊效果的制作

"模糊效果"是指运用 CorelDRAW X7 提供的"模糊效果"命令创建出平滑图像的效果。CorelDRAW X7 提供了 10 种用于位图对象的模糊效果，运用这些效果可以使位图具有动感效果。

1. 高斯式模糊效果

运用"高斯式模糊"命令可以使位图产生高斯模糊效果。为位图对象添加高斯模糊效果的具体操作步骤如下所述。

运用选择工具选中需要添加高斯模糊效果的位图。单击"位图"|"模糊"|"高斯模糊"命令，在弹出的"高斯式模糊"对话框中，拖动"半径"选项右侧的滑块，设置图像像素的扩散半径。单击"预览"按钮观察绘图页面上的效果，单击"确定"按钮，如图 11-79 所示。

图 11-79 "高斯模糊"对话框及位图高斯模糊效果

2. 低通滤波器

运用"低通滤波器"命令可以使位图产生柔化的模糊效果。为位图对象添加低通滤波器效果的具体操作步骤如下所述。

运用选择工具选中需要添加油画低频通行效果的位图。单击"位图"|"模糊"|"低通滤波器"命令，在弹出的"低通滤波器"对话框中，拖动"百分比"选项和"半径"选项右侧的滑块，分别设置图像的模糊程度和图像效果中的抽样宽度。单击"预览"按钮观察绘图页面上的效果，满意后单击"确定"按钮即可，如图 11-80 所示。

图 11-80　"低通滤波器"对话框及位图模糊效果

3. 动态模糊效果

运用"动态模糊"命令可以使图像产生运动时的模糊效果，如汽车飞驰而过的动感效果。为图像添加动态模糊效果的具体操作步骤如下所述。

运用选择工具选中需要添加动态模糊效果的图像。单击"位图"|"模糊"|"动态模糊"命令，在弹出的"动态模糊"对话框中，拖动"间隔"选项下侧的滑块，或在滑块右侧的数值框中直接输入数值，设置图像产生动态模糊的强度。在"方向"数值框中设置运动模糊的移动方向。

在"图像外围取样"选项区中设置图像取样的部分。

➢　"忽略图像外的像素"选项：选中该选项，可以将图像外的像素模糊效果忽略。

➢　"使用纸的颜色"选项：选中该选项，可以在模糊效果开始处使用纸的颜色。

➢　"提取最近边缘的像素"选项：选中该选项，可以在模糊效果开始处使用图像边缘的颜色。

单击"预览"按钮观察页面上的效果，满意后单击"确定"按钮即可，如图 11-81 所示。

图 11-81　"动态模糊"对话框及位图动态模糊效果

4. 缩放效果

运用"缩放"命令，可以使图像产生一种从中心开始向外逐渐增强的模糊效果。为图像添加缩放效果的具体操作步骤如下所述。

运用选择工具选中需要添加缩放效果的图像。单击"位图"|"模糊"|"缩放"命令，在弹出的"缩放"对话框中，拖动"数量"选项右侧的滑块，或在其数值框中输入数值，设置缩放效果的强度。单击"预览"按钮，观察绘图页面中的效果，满意后单击"确定"按钮即可，如图 11-82 所示。

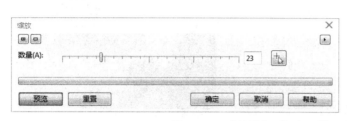

图 11-82 "缩放"对话框及位图缩放效果

11.3.4 相机效果的制作

"相机效果"可以模拟由扩散的过滤器产生的效果,其中只有一个"扩散"命令,它是通过扩散图像像素来产生一种类似于相机扩散镜头焦距的柔化效果。为图像添加相机效果的具体操作步骤如下所述。

运用选择工具选中要添加相机效果的图像。单击"位图"|"相机"|"扩散"命令,在弹出的"扩散"对话框中,拖动"层次"右侧的滑块或在数值框中输入数值,设置扩散的强度。单击"预览"按钮,观察页面中的效果,满意后单击"确定"按钮即可,如图 11-83 所示。

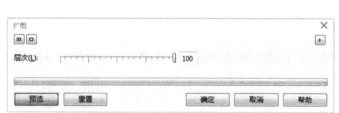

图 11-83 "扩散"对话框及位图相机效果

11.3.5 扭曲效果的制作

运用"扭曲"命令可以使图像表面变形,以创建多种变形效果,扭曲效果包括"块状""置换""偏移""像素化""龟纹""平铺"等。

1. 块状效果

运用"块状"命令可以将位图图像打散成小块扭曲效果。为图像添加块状效果的具体操作步骤如下所述。

选中要添加块状效果的图像,单击"位图"|"扭曲"|"块状"命令,弹出"块状"对话框。在"未定义区域"下拉列表框中,选择滤镜没有定义的背景部分颜色,拖动"块宽度"选项和"块高度"选项右侧的滑块或在相应数值框中输入数值,设置块状图像被打散的程度。单击"预览"按钮,观察页面中的效果,满意后单击"确定"按钮即可,如图 11-84 所示。

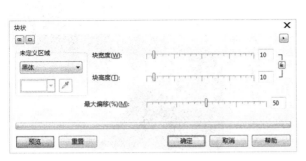

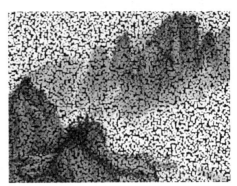

图 11-84　"块状"对话框及位图块状效果

2. 置换效果

运用"置换"命令可以将变形图样均匀地分布于原图像上。为图像添加置换效果的具体操作步骤如下所述。

选中需要添加置换效果的图像，单击"位图"|"扭曲"|"置换"命令，弹出"置换"对话框。在"缩放模式"选项区中，选择一种缩放模式，在"未定义区域"下拉列表框中，选择一种填充空白区域的类型，拖动"缩放"选区中的"水平"和"垂直"滑块，或在相应数值框中输入数值，设置效果图案的大小。单击"预览"按钮，观察绘图页面中的效果，满意后单击"确定"按钮即可，如图 11-85 所示。

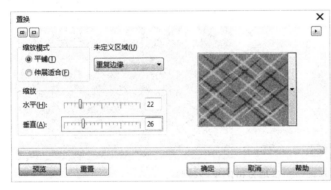

图 11-85　"置换"对话框及位图置换效果

3. 像素效果

运用"像素"命令可以按照像素模式使图像像素化，并产生一种放大的位图效果。为图像添加像素效果的具体操作步骤如下所述。

选中需要添加像素效果的图像，单击"位图"|"扭曲"|"像素"命令，弹出"像素"对话框。在"像素化模式"选项区中，设置像素分散的模式，选中"射线"选项时，可以单击右侧的 按钮，确定图像进行辐射的中心，拖动"宽度"和"高度"右侧的滑块，设置像素点在宽度及高度上的大小，拖动"不透明"右侧的滑块，设置像素点的透明程度。单击"预览"按钮，观察绘图页面中的效果，满意后单击"确定"按钮即可，如图 11-86 所示。

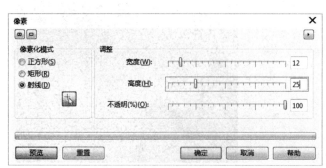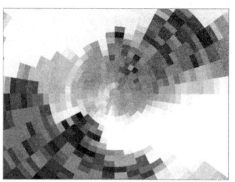

图 11-86　　"像素"对话框及位图像素效果

4．平铺效果

运用"平铺"命令可以将原图像作为单个元素在整个图像范围内按照设置的个数进行平铺排列。为图像添加平铺效果的具体操作步骤如下所述。

选中需要添加平铺效果的图像，单击"位图"|"扭曲"|"平铺"命令，弹出"平铺"对话框。拖动"水平平铺"和"垂直平铺"右侧的滑块，设置水平方向和垂直方向平铺图像的数量，拖动"重叠"右侧的滑块，设置图像重叠百分比。单击"预览"按钮，观察绘图页面中的效果，满意后单击"确定"按钮即可，如图 11-87 所示。

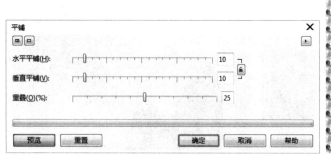

图 11-87　　"平铺"对话框及位图平铺效果

11.3.6　鲜明化效果的制作

运用"鲜明化"命令可以产生鲜明化效果，以突出和强化边缘。通过搜索边缘并增加与相邻或背景像素之间的对比度，来使图像清晰，并自动调节位图的边缘颜色。鲜明效果主要包括"适应非鲜明化""定向柔化""高通滤波器""鲜明化"和"非鲜明化遮罩"效果。

1．适应非鲜明化效果

运用"适应非鲜明化"命令可以通过分析位图图像边缘像素的值，使图像产生特殊的鲜明化效果。为图像添加适应非鲜明化效果的具体操作步骤如下所述。

选中需要添加适应非鲜明化效果的图像，单击"位图"|"鲜明化"|"适应非鲜明化"命令，弹出"适应非鲜明化"对话框。拖动"百分比"右侧的滑块，设置鲜明化的程度。单击

"预览"按钮，观察绘图页面中的效果，满意后单击"确定"按钮即可，如图 11-88 所示。

图 11-88　"适应非鲜明化"对话框及位图适应非鲜明化效果

2. 高通滤波器效果

运用"高通滤波器"命令可以删除低频区域，并在图像中留下阴影。为图像添加高通滤波器效果的具体操作步骤如下所述。

选中需要添加高通滤波器效果的图像，单击"位图"|"鲜明化"|"高通滤波器"命令，弹出"高通滤波器"对话框。拖动"百分比"选项右侧的滑块，设置高通滤波器效果的程度，拖动"半径"选项右侧的滑块，设置位图中参与转换的像素范围。单击"预览"按钮，观察绘图页面中的效果，满意后单击"确定"按钮即可，如图 11-89 所示。

图 11-89　"高通滤波器"对话框及位图高通滤波器效果

3. 鲜明化效果

运用"鲜明化"命令可以使图像中各元素的边缘对比度增强。为图像添加鲜明化效果的具体操作步骤如下所述。

选中需要添加效果的图像，单击"位图"|"鲜明化"|"鲜明化"命令，弹出"鲜明化"对话框。拖动"边缘层次"右侧的滑块，设置图像锐化效果的强度，选中"保护颜色"复选框，可以将效果应用于像素的亮度值，拖动"阈值"右侧的滑块，设置图像锐化区域的大小。单击"预览"按钮，观察页面中的效果，单击"确定"按钮即可，如图 11-90 所示。

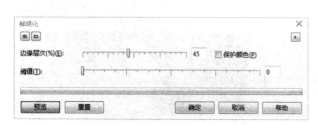

图 11-90 "鲜明化"对话框及位图鲜明化效果

本章小结

本章主要介绍了交互式工具组的强大功能和各种特殊效果的制作。首先介绍了调和效果、变形效果、阴影效果、透明效果以及透镜效果的制作；接下来介绍了轮廓图效果、封套效果、透视效果、立体化效果以及斜角效果的制作；最后介绍了三维效果、艺术笔触效果、模糊效果、相机效果以及扭曲效果的制作。通过对这些功能的了解与运用，用户可以制作出意想不到的效果。用户可以举一反三，在特殊效果的制作上更为流畅、精准。

课后习题

鉴于本章知识的重要性，为了帮助读者更好地掌握所学知识，本节将通过上机习题，帮助读者进行简单的知识回顾和补充。

本习题需要掌握使用位图滤镜制作画面特效的方法，素材（素材\第 11 章\课后习题.psd）与效果（效果\第 11 章\课后习题.psd）如图 11-91 所示。

图 11-91 素材与效果

第 12 章　文本的创建、导入与设置

【本章导读】

CorelDRAW 不仅是一个功能强大的矢量图形处理软件，还具有强大的文字处理功能，不亚于某些专业文字处理软件。在平面设计中，文字是一个重要的要素，它起着表达主题和强化要点的作用。本章将详细介绍在 CorelDRAW X7 中制作与处理文字的操作方法。

【本章重点】

> 创建文本内容
> 导入文本对象
> 设置与排版文本内容

12.1　创建文本内容

在 CorelDRAW X7 中，美术文本适用于文字较少或需要制作特殊效果的文字，而段落文本适用于编辑文字较多的大型文本。本节主要介绍创建文本内容的操作方法。

12.1.1　创建美术文本内容

在 CorelDRAW X7 中创建美术文本的方法有以下两种。

1. 直接在绘图页面中添加美术文本

选取工具箱中的文本工具，单击属性栏中的"横排文字"按钮，将鼠标指针移到绘图页面中，单击鼠标左键定位插入点，然后输入文本，所输入的文本就是美术文字文本，用这种方法输入的文字依次由左到右排列，直到按回车键才会换行，如图 12-1 所示。

如果选取文字工具后，单击属性栏中的"竖排文字"按钮，在绘图页面中输入的文字便为竖排文字效果，如图 12-2 所示。

图 12-1　添加美术文字

图 12-2　竖排文字效果

2. 直接在绘图页面中添加美术文本

在 CorelDRAW X7 中，可以快捷方便地通过 Windows 剪贴板的复制和粘贴功能添加美术文本。如果在一些专业的文字处理软件中输入了文本，通过"复制"和"粘贴"命令，可以快速地将文本添加到 CorelDRAW X7 中来。

下面以将"记事本"中的文本添加到 CorelDRAW X7 中为例，来介绍这一功能，其具体操作步骤如下所述。

在"记事本"中选中要添加的文本，然后单击"编辑"|"复制"命令，并关闭"记事本"应用程序。在 CorelDRAW X7 工作窗口中，选取工具箱中的文本工具，在绘图页面中单击鼠标左键定位插入点。单击"编辑"|"粘贴"命令或按【Ctrl+V】组合键，将剪贴板上的文本添加到 CorelDRAW X7 中来，如图 12-3 所示。

图 12-3　利用剪贴板添加的美术字

12.1.2　创建段落文本内容

在 CorelDRAW X7 中，段落文本有很多种编排选项，利用这些选项可以创建丰富的文本样式。要添加段落文本，首先要在绘图页面中，运用文字工具绘出一个段落文本框，然后再输入文本，这样输入的文字会限制在所绘文本框中。

系统默认状态下，段落文本框的外形是一个固定大小的矩形，输入的文本都被框在矩形区域内，如果输入的文本超过文本框所容纳的大小，输入的文字将自动换行。如果输入的文本没有一定界限，可以使用可变文本框来输入文本，用这种方法输入的段落文字，文本框会按照输入文字的多少改变大小。

1. 直接在绘图页面中添加段落文本

选取工具箱中的文本工具，将鼠标指针移到绘图页面中，单击鼠标左键并拖动鼠标，鼠标拖动的区域会出现一个段落文本框，拖到所需大小释放鼠标，创建一个段落文本框。

在默认状态下，文本光标位于文本框的左上角，如图 12-4 所示；在文本框中输入的文字，以默认的左对齐方式依次从左到右排列，如图 12-5 所示。

图 12-4　段落文本框

图 12-5　添加段落文本

2. 在绘图页面中利用剪贴板添加段落文本

在 Word 文档中输入一段文字，选中输入的文字，按【Ctrl＋C】组合键，复制输入的文字。在 CorelDRAW X7 工作窗口中，选取工具箱中的文本工具，单击鼠标左键并拖动鼠标，鼠标拖动的区域会出现一个段落文本框，拖到所需大小释放鼠标，即创建了一个段落文本框。按【Ctrl＋V】组合键，此时弹出"导入/粘贴文本"对话框，如图 12-6 所示。

选中相应的选项，单击"确定"按钮，便将剪贴板上的文本添加到 CorelDRAW X7 中来，如图 12-7 所示。

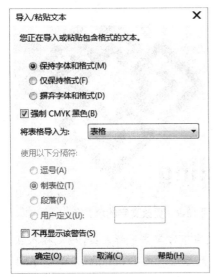

图 12-6　"导入/粘贴文本"对话框

图 12-7　利用剪贴板添加段落文本

▶ 专家指点

设置可变文本框的方法为：单击"工具"|"选项"命令或在标尺栏上双击鼠标左键，在弹出的"选项"对话框中，依次展开"工作空间"|"文本"|"段落"命令，然后在右边的"段落"对话框中选中"按文本扩大及缩小段落文本框"的选项，最后单击"确定"按钮即可。

3. 美术文本与段落文本之间的区别

段落文本与美术文本最大的不同就在于，段落文本是在文本框中输入的，在输入文字之前，先要根据输入文字的多少制定一个文本框，然后再进行文字输入。

系统将所有输入的段落文本作为一个对象进行处理，它最大的好处是文字能够自行换行，且能很好的对齐。并且段落文本有多种编排选项，可以添加项目符号、缩排以及分栏等。

系统将输入的美术文本当作曲线对象来处理，可以像处理图形对象一样对其进行处理，如可以对其运用调和、立体化、轮廓化等效果。美术文本不受文本框的限制，不能自动换行，必须按回车键才可以换行。

12.1.3 在图形内输入文本

应用"文本工具"，给企业标志素材添加文字效果，下面介绍具体的操作步骤。

Step 01 打开素材图像（素材\第 12 章\企业标志.cdr），选取工具箱中的文本工具，在页面中制作的标志下方单击鼠标左键，确认起始点，在属性栏中设置"字体"为"方正大黑简体"，"字体大小"设置为 80pt，输入文字 Huaxing，效果如图 12-8 所示。

Step 02 将鼠标置于输入的 H 文字右侧，单击鼠标左键并拖曳，选中输入的 u 文字，在"对象属性"泊坞窗中，设置选中文字的"文本颜色"为红色（CMYK 的参考值分别为 0、91、100、0），效果如图 12-9 所示。

图 12-8　输入文字"Huaxing"

图 12-9　更改文字的填充色

Step 03 选取工具箱中的文本工具，在页面中输入的 Huaxing 文字下方单击鼠标左键，确定插入点，在属性栏中设置各选项与前面输入文字的步骤相同，然后输入文字 building，如图 12-10 所示。

Step 04 运用鼠标光标选中输入的 u 文字，在调色板中单击"红色"色块，设置选中文字的填充色为"红色"，效果如图 12-11 所示。

图 12-10　输入文字"building"　　　　　图 12-11　更改文字的填充色效果

Step 05 在页面中，将鼠标置于输入的 building 文字右侧，单击鼠标左键，确认插入点，在属性栏中"字体"设置为"方正大黑简体"，"字体大小"设置为 95pt，输入文字"华兴建筑"，效果如图 12-12 所示。

图 12-12　输入文字"华兴建筑"并设置其效果

12.1.4　创建路径文本内容

使用 CorelDRAW X7 中的文本适合路径功能，可以将文本对象嵌入到不同类型的路径中，文字具有更多变化的外观。下面介绍创建路径文本内容的操作方法。

1. 直接创建路径文本

直接创建路径文本就是在页面上绘制一条路径，然后选择文本工具，在所绘制的路径上单击鼠标左键，输入所需文字，此时所输入的文字会沿着路径的形状而变化，下面介绍具体的操作方法。

Step 01 打开素材图像（素材\第 12 章\春天风景画.cdr），如图 12-13 所示。

Step 02 选取工具箱中的贝塞尔工具，在图形对象上绘制一条路径，如图 12-14 所示。

图 12-13　打开素材图像

图 12-14　绘制路径

Step 03 选取工具箱中的文本工具，移动鼠标至页面，在所绘制的路径上单击鼠标左键，确定文字的插入点，如图 12-15 所示。

Step 04 输入文字"春天的脚步唤醒了沉睡的大地"，如图 12-16 所示。

图 12-15　确定文字的插入点

图 12-16　输入文字

Step 05 确定上述所输入的文字为选择状态，在属性栏中，"字体"设置为"经典繁毛楷"，"字体大小"设置为 32pt，移动鼠标至调色板上，单击"白色"色块，为文本填充颜色，效果如图 12-17 所示。

Step 06 选取工具箱中的形状工具，选取所绘制的路径，用鼠标右键单击"调色板"上的"黄色"色块，为路径填充颜色，效果如图 12-18 所示。

图 12-17　设置文本的颜色效果　　　　图 12-18　设置路径的颜色效果

2. 使用命令创建路径文本

在 CorelDRAW X7 中，可以使用菜单命令中的"使文本适合路径"命令，将文本填入路径。在制作文本适合路径效果时，所选择的路径可以是矢量图，也可以是曲线，下面介绍具体的操作方法。

Step 01 打开素材图像（素材\第 12 章\制作风景画.cdr），如图 12-19 所示。

Step 02 选取工具箱中的椭圆工具，移动鼠标至页面，在图形对象上绘制一个椭圆图形，如图 12-20 所示。

图 12-19　**打开素材图像**　　　　图 12-20　**绘制图形**

Step 03 选取工具箱中的文本工具，在图形对象上输入文字，如图 12-21 所示。

Step 04 确定所输入的文字为选择状态，按住【Shift】键的同时，选择所绘制的椭圆图形，然后单击"文本"|"使文本适合路径"命令，此时，文字沿路径进行排列，效果如图 12-22 所示。

图 12-21　输入文字　　　　　　　　图 12-22　文本适合路径效果

Step 05　"字体"设置为"隶书"，"字体大小"设置为 40pt，填充颜色设置为"浅黄"，并将路径的填充色设置为"黄色"，最终效果如图 12-23 所示。

图 12-23　最终效果

12.2　设置与排版文本内容

　　与其他图形图像软件一样，在 CorelDRAW X7 中，用户也可以对所创建的文本对象进行编辑，如设置字体、字号、文字样式等操作，从而使文本对象更符合整体版面的设计安排。运用 CorelDRAW X7 强大的图文混排功能，可以实现各种各样的图文混排效果。本节主要介绍设置与排版文本内容的操作方法。

12.2.1　字体字号的设置

　　美术文本和段落文本都可以通过"格式化文本"对话框精确设置字符的属性，这些属性包括字体类型、大小等。下面介绍如何设置文本的字体类型和大小等属性。

1. 运用"文本属性"泊坞窗设置文本

选取工具箱中的文本工具，并在绘图页面中输入美术文本，如图 12-24 所示。选取工具箱中的文本工具，将鼠标指针移到输入文本的起始处，单击鼠标左键并向右拖动鼠标，选中要设置格式的全部或部分文本，如图 12-25 所示。

图 12-24　输入美术文本

图 12-25　选中文本

单击"字体列表"下拉列表按钮，在弹出的下拉列表框中，选择"华文行楷"，按键盘上的【Enter】键，即可设置文字的类型，效果如图 12-26 所示。单击"字体大小"列表框右侧的按钮，可以微调文本大小或直接在其文本框中输入数值，按键盘上的【Enter】键即可设置文字的字号，效果如图 12-27 所示。

图 12-26　设置字体后的效果

图 12-27　设置字体、字号的最终效果

2. 运用文本属性栏设置文本属性

选取工具箱中的文本工具，并在绘图页面中输入文本对象，选中需要设置格式的全部或部分文本对象，单击属性栏上"字体列表"下拉列表框右侧的下拉按钮，在弹出的下拉列表中选择一种字体，单击"粗体"按钮、"斜体"按钮或"下划线"按钮，还可以给文本对象添加不同的效果，为文本添加下划线的效果，如图 12-28 所示。

图 12-28 为选中文本添加下划线

12.2.2 文本样式的设置

CorelDRAW X7 提供了 9 种文本样式，分别为"默认美术字""项目符号 1""项目符号 2""项目符号 3""默认段落文本""特殊项目符号 1""特殊项目符号 2""特殊项目符号 3"及"默认图形"，用户可以直接选择一种样式应用于文本对象。

选取工具箱中的文本工具，在绘图页面中输入一段段落文本，选取工具箱中的挑选工具或文本工具，选中需要设置格式的全部或部分文本对象。单击"窗口"|"泊坞窗"命令，打开"对象属性"泊坞窗，单击"段落"选项卡，打开"项目符号"对话框，如图 12-29 所示。单击"符号"下拉列表框右侧的下拉列表按钮，在弹出的下拉列表中选择相应的符号即可，应用样式如图 12-30 所示。

图 12-29 "项目符号"对话框

图 12-30 应用样式

12.2.3 特殊字符的插入

在 CorelDRAW X7 中，可以将系统已经定义好的符号或图形插入到当前绘图页面中。

单击"文本"|"插入字符"命令，弹出"插入字符"泊坞窗，如图 12-31 所示；在"字体"下拉列表框中选择一种字符类型，在下面的列表框中选择需要插入的字符，单击"插入"按钮或双击该字符即可插入字符，分别为插入的字符填充不同的颜色，效果如图 12-32 所示。

图 12-31　"插入字符"泊坞窗

图 12-32　插入字符并填充颜色

12.2.4 绕图式段落文本

在 CorelDRAW X7 中，段落文本绕图主要有两种方式：一种是围绕图形的轮廓进行排列，另一种是围绕图形的边界框进行排列，如图 12-33 所示。

轮廓跨式文本　　　　　　　　　　　　边界跨式文本

图 12-33　文本绕图的两种方式

选取工具箱中的文字工具，在绘图页面中输入一段段落文本，单击"文件"|"导入"命令，弹出"导入"对话框，选择一幅图片并将其导入到绘图页面中。将导入的图片置于输入文本的上面，单击属性栏上的"文本换行"按钮，弹出"换行样式"下拉调板，如图 12-34 所示。选择需要的换行样式，然后在"文本绕图偏移"文本框中设置参数，设置好后单击"确定"按钮，即可将段落文本围绕图形排列。

图 12-34　"换行样式"面板

　　在"文本绕图偏移"文本框中输入数值，可以设置段落文本与图形之间的间距，设置好文本绕图后，如果还要对其进行修改，可运用挑选工具选中图形，然后单击属性栏中的"文本换行"按钮，在弹出的"换行样式"下拉列表中重新设置即可。若要取消文本的绕图，可单击"换行样式"下拉列表中的"无"选项。

　　下面列出各种换行样式的绕图效果，如图 12-35 所示。

轮廓文本左绕图

轮廓文本右绕图

方形文本左绕图　　　　　　　　　　方形文本右绕图

图 12-35　文本绕图的各种效果

12.2.5　项目符号的添加

添加项目符号后可使并列的段落文本风格统一，条理清晰。

选取工具箱中的文本工具，在绘图页面中输入一段段落文本，如图 12-36 所示，运用工具箱中的挑选工具，选中输入的段落文本对象。单击"文本"|"项目符号"命令，弹出"项目符号"对话框，如图 12-37 所示，选中"使用项目符号"选项。

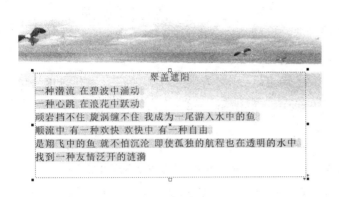

图 12-36　输入段落文本　　　　　　　　图 12-37　"项目符号"对话框

在"外观"选项区中可以设置"字体""符号""大小"和"基线偏移"等选项。"字体"选项：用于选择项目符号的种类；"符号"选项：用于选择项目符号的样式；"大小"选项：用于控制项目符号的大小；"基线偏移"选项：用于设置项目符号的位置。

在"间距"选项区中可以设置"文本图文框到项目符号""到文本的项目符号"等选项。"文本框到项目符号"选项：用于控制项目符号与文本框的距离；"项目符号文本"选项：用于控制项目符号与文本的距离。设置好后单击"确定"按钮，即可将项目符号添加到文本中，效果如图 12-38 所示。

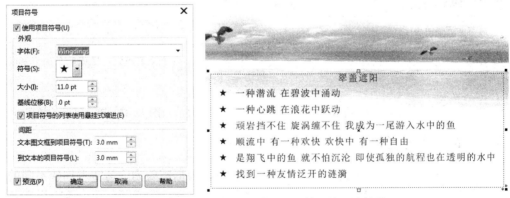

图 12-38　各参数设置及添加项目符号的最终效果

12.2.6　制作首字下沉效果

首字下沉用于文章的开头，起着醒目的作用。应用首字下沉可以放大首字母或字，并将其插入到文本的正文中。用户可以根据需要更改首字下沉与文本正文的距离。设置首字下沉的具体操作步骤如下所述。

Step 01 选取工具箱中的文本工具，在绘图页面中输入一段段落文本，如图 12-39 所示，并运用选择工具，选中输入的段落文本对象。

Step 02 将鼠标指针定位在需要应用首字下沉的段落前面，确定首字下沉的位置，如图 12-40 所示。

图 12-39　输入段落文本

图 12-40　确定首字下沉的位置

Step 03 单击"文本"|"首字下沉"命令，弹出"首字下沉"对话框，如图 12-41 所示，选中"使用首字下沉"复选框，设置下沉行数和首字下沉的空格。

Step 04 在"外观"选项区中可以设置"下沉字数""距之后的文本"等选项，设置完成后单击"确定"按钮，效果如图 12-42 所示。

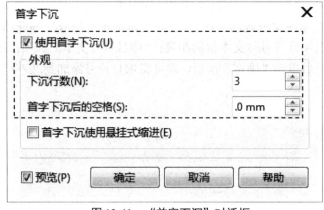

图 12-41　"首字下沉"对话框

图 12-42　首字下沉的效果

12.2.7　设置文本分栏效果

运用 CorelDRAW X7 中提供的分栏功能，用户可以根据需要为段落文本创建不同的分栏效果。为段落文本创建分栏后，还可以进一步使用文本工具，在绘图页面中改变栏宽及栏间距。设置文本分栏的具体操作步骤如下所述。

Step 01 打开素材图像（素材\第 12 章\设置文本分栏.cdr），如图 12-43 所示。

Step 02 单击"文本"|"栏"命令，弹出"栏设置"对话框，如图 12-44 所示。在该对话框中设置"栏数"为 2，选中"栏宽相等"复选框，选中"帧设置"选项区中的"保持当前图文框宽度"单选按钮。

图 12-43　打开素材图像

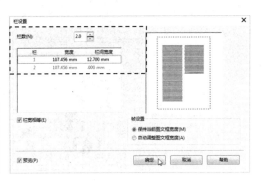

图 12-44　"栏设置"对话框

▶ **专家指点**

在"栏设置"对话框中，相关操作技巧如下所述。

➢ 在"栏数"数值框中输入数值，确定需要的栏数。

➢ 选中"栏宽相等"复选框，可以创建等宽的栏。

➢ 在"宽度"数值框中输入数值，可以设置栏的宽度，在"栏间宽度"数值框中输入数值，可以设置栏间距的宽度。

➢ 在"图文框设置"选项区中，选中"保持当前图文框宽度"选项，可以在添加或删除栏时，不改变文本框的宽度；选中"自动调整图文框宽度"选项，可以在添加或删除栏时，保持当前的栏宽不变，而文本框的宽度会自动调整。

Step 03 设置完成后，单击"确定"按钮，效果如图 12-45 所示。

Step 04 选取工具箱中的文本工具，将光标移到左分栏线或右分栏线上，鼠标指针变为双箭头形状，如图 12-46 所示。

图 12-45　分栏效果

图 12-46　光标在分栏线上的形状

Step 05 按住鼠标左键拖动，可以改变栏宽和栏间距，效果如图 12-47 所示。

母亲坐在炕上穿针引线，冬的情节便在母亲的修辞中缓缓展开。临窗而望，母亲柔情似水的背影，正微笑着奏响岁月的苦难和年华的感伤。我坐在远方这个美丽的山坡上，抬眼望去，晚麦母故里如深秋的一朵白云，扯着风田亲空详地注视着我。母亲宽大的衣襟，我总以为天堂就是母亲的模样。天堂的歌声，天堂的童话，在五月粉红的荞麦花里无忧无虑地铺排。儿子慢慢长大，秋天尚未熟透，母亲

的屋顶却已飘起无情的雪啊，在可否一辛？把一笑命，冈一星海峥嵘的寒冬我亲，在地生淌山麦冰封的容颜后泉，飧母担连痛的流在水下留株一泓清，以而苦难的扁烟小麦，勤我挑起泉水和炊我泉起心她看身子一棵摘了，眼的上站空花园种满在我看星像夜秋菊和眼上儿空栖，我也将挑起泉水和样。棠，建立新的天堂。母亲麦，像一朵深秋的蒲公英了，想回娘家。可是，母亲已经回不去了，母亲的母亲比我

图 12-47　改变栏与栏之间的宽度

本章小结

在 CorelDRAW X7 中除了可以进行常规的文本输入和编辑外，还可以进行复杂的特殊文本处理。在其中输入的文字分为美术文字和段落文本两种类型，结合使用文本工具和键盘可以制作各种文字效果。本章主要向读者介绍了创建文本内容、导入文本对象以及设置与排版文本内容的操作方法.通过本章的学习，读者可以设计出更丰富的文本效果。

课后习题

鉴于本章知识的重要性，为了帮助读者更好地掌握所学知识，本节将通过上机习题，帮助读者进行简单的知识回顾和补充。

本习题需要掌握创建文本的方法，素材（素材\第 12 章\课后习题.psd）与效果（效果\第 12 章\课后习题.psd）如图 12-48 所示。

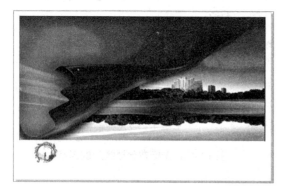

图 12-48　素材与效果

第 13 章　平面广告效果设计综合案例

【本章导读】

通过前面 12 章的学习，相信读者已经熟练掌握了 Photoshop、Illustrator 以及 CorelDRAW 这 3 款软件的基本使用技巧与常用功能。本章将通过 3 个平面广告案例的制作，详细介绍这 3 款软件在平面设计中的设计流程与操作方法。希望读者通过本章的学习，可以举一反三，设计出更多专业的平面广告效果。

【本章重点】

➢　Photoshop 案例：摄影书籍详情页设计

➢　Illustrator 案例：皇家酒店 DM 广告设计

➢　CorelDRAW 案例：雅志汽车广告设计

13.1　Photoshop 案例：摄影书籍详情页设计

本案例是摄影书籍详情页面中的顶部展示部分，主要是介绍商品的大致信息，如包括什么内容、多少技巧、图片内容的展示等。

本实例最终效果如图 13-1 所示。

图 13-1　完成效果

13.1.1 制作摄影书籍详情页主体效果

下面介绍制作摄影书籍详情页主体效果的方法。

Step 01 单击"文件"|"新建"命令，弹出"新建"对话框，如图 13-2 所示，在其中"名称"设置为"摄影书籍详情页设计"，"宽度"设置为 790 像素，"高度"设置为 2200 像素，"分辨率"设置为 72 像素/英寸，"颜色模式"设置为"RGB 颜色"，"背景内容"设置为"白色"。

Step 02 单击"确定"按钮，新建一个空白图像，如图 13-3 所示。

▶ **专家指点**

在产品详情页中，顾客可以找到产品的大致感觉，通过对商品的细节进行展示，能够让商品在顾客的脑海中形成大致的形象，当顾客有意识想要购买商品的时候，商品细节区域的恰当表现就要开始起作用了。细节是让顾客更加了解这个商品的主要手段，顾客熟悉商品才是对最后的成交起到关键作用的一步，而细节的展示可以通过多种方法来表现。

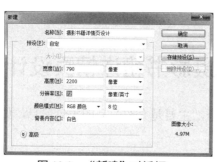

图 13-2 "新建"对话框

图 13-3 创建图像

Step 03 单击工具箱底部的前景色色块，弹出"拾色器（前景色）"对话框，设置为黑色，单击"确定"按钮，如图 13-4 所示。

Step 04 展开"图层"面板，新建"图层 1"图层，应用多边形套索工具绘制选区，填充前景色，并取消选区，效果如图 13-5 所示。

图 13-4 设置前景色参数

图 13-5 填充前景色

Step 05 打开"照片.psd"素材图像（素材\第 13 章\照片.psd），运用移动工具将素材图像拖曳至背景图像编辑窗口中，适当调整图像的位置，如图 13-6 所示。

Step 06 选中照片图层，单击鼠标右键，在弹出的快捷菜单中选中"创建剪贴蒙版"选项，如图 13-7 所示。

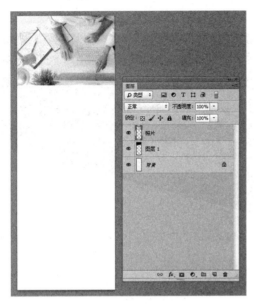

图 13-6　拖入照片素材　　　　　　　图 13-7　选中"创建剪贴蒙版"选项

Step 07 执行操作后，即可创建剪贴蒙版，如图 13-8 所示。

Step 08 在"图层"面板中，设置"照片"图层的"不透明度"为 20%，如图 13-9 所示。

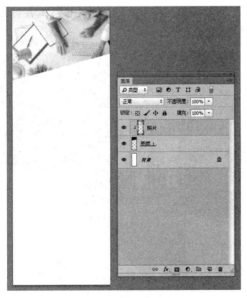

图 13-8　创建剪贴蒙版　　　　　　　图 13-9　调整图层不透明度

Step 09 选取工具箱中的横排文字工具，打开"字符"面板对话框，"字体"设置为"方正黑体简体"，"字体大小"设置为60点，"颜色"设置为橘色（RGB参数值分别为247、126、24），如图13-10所示。

Step 10 在图像编辑窗口中输入文字，运用移动工具将文字拖曳至适当的位置，效果如图13-11所示。

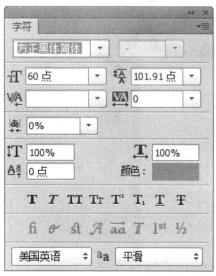

图13-10　设置"字符"属性

图13-11　输入文字

Step 11 打开"符号和文字.psd"素材图像（素材\第13章\符号和文字.psd），运用移动工具将素材图像拖曳至背景图像编辑窗口中，适当调整图像的位置，如图13-12所示。

Step 12 打开"书籍封面.psd"素材图像（素材\第13章\书籍封面.psd），运用移动工具将素材图像拖曳至背景图像编辑窗口中，适当调整图像的位置，如图13-13所示。

图13-12　添加素材

图13-13　添加书籍素材

Step 13 打开"矩形.psd"素材图像（素材\第 13 章\矩形.psd），如图 13-14 所示。

Step 14 运用移动工具将素材图像拖曳至背景图像编辑窗口中，适当调整图像的位置，如图 13-15 所示。

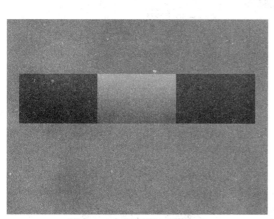

图 13-14 打开素材图像

图 13-15 添加矩形素材

13.1.2 制作摄影书籍详情页文字效果

下面介绍制作摄影书籍详情页文字效果的方法。

Step 01 选取工具箱中的横排文字工具，"字体"设置为"方正黑体简体"，"字体大小"设置为 35 点，"颜色"设置为白色（RGB 参数值均为 255），在图像编辑窗口中输入文字，运用移动工具将文字拖曳至适当的位置，如图 13-16 所示。

Step 02 复制文字 2 次，分别调整其位置，并修改其中的内容和文字颜色，效果如图 13-17 所示。

图 13-16 输入文字

图 13-17 复制和调整文字

Step 03 打开 "底纹.psd" 素材图像（素材\第 13 章\底纹.psd），运用移动工具将素材图像拖曳至背景图像编辑窗口中，适当调整图像的位置，如图 13-18 所示。

Step 04 选取工具箱中的横排文字工具，"字体"设置为"方正黑体简体"，"字体大小"设置为 55 点，"颜色"设置为白色（RGB 参数值均为 255），如图 13-19 所示。

图 13-18　添加底纹素材

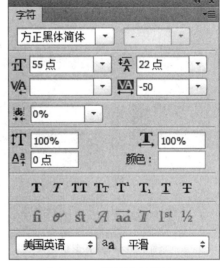

图 13-19　设置字符属性

Step 05 在图像编辑窗口中输入文字，运用移动工具将文字拖曳至适当的位置，如图 13-20 所示。

Step 06 选取工具箱中的横排文字工具，"字体"设置为"方正兰亭超细黑简体"，"字体大小"设置为 44 点，"颜色"设置为白色（RGB 参数值均为 255），并激活仿粗体图标，如图 13-21 所示。

图 13-20　输入文字

图 13-21　设置字符属性

Step 07 在图像编辑窗口中输入文字，运用移动工具将文字拖曳至适当的位置，如图 13-22 所示。

Step 08　打开"箭头.psd"素材图像（素材\第 13 章\箭头.psd），运用移动工具将素材图像拖曳至背景图像编辑窗口中，适当调整图像的位置，如图 13-23 所示。

图 13-22　输入文字

图 13-23　添加箭头素材

Step 09　打开"线条.psd"素材图像（素材\第 13 章\线条.psd），运用移动工具将素材图像拖曳至背景图像编辑窗口中，适当调整图像的位置，如图 13-24 所示。

Step 10　打开"实拍素材.psd"素材图像（素材\第 13 章\实拍素材.psd），运用移动工具将素材图像拖曳至背景图像编辑窗口中，适当调整图像的位置，如图 13-25 所示。

图 13-24　添加线条素材

图 13-25　添加素材

13.2 Illustrator 案例：皇家酒店 DM 广告设计

DM 意为快讯商品广告，是指通过邮政系统将广告直接送给广告受众的广告形式，在顾客分散的情况下，DM 广告发挥着其他广告形式不能取代的作用。DM 广告由 8 开或 16 开广告纸正反面彩色印刷而成，通常采取邮寄、定点派发、选择性派送到消费者住处等多种方式进行宣传，是超市最重要的促销方式之一。

本案例设计的是一款皇家酒店的 DM 广告，效果如图 13-26 所示。

图 13-26 皇家酒店 DM 广告

13.2.1 绘制 DM 广告的背景元素

绘制 DM 广告背景元素的具体步骤如下所述。

Step 01 按【Ctrl + N】组合键，新建一个名为"皇家酒店"的 CMYK 模式图像文件，如图 13-27 所示，设置"宽度"和"高度"均为 20 厘米。

Step 02 使用鼠标左键双击工具箱中的"渐变"工具，显示"渐变"面板，如图 13-28 所示，设置渐变矩形条下方渐变滑块色标的颜色分别为"白色"和"黑色"（CMYK 的参考值分别为 95、88、90、80），设置"类型"为"径向"。

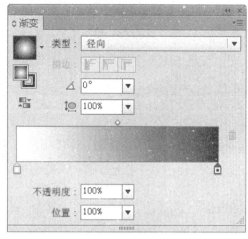

图 13-27　新建文件　　　　　　　　　　图 13-28　"渐变"面板

Step 03 选取工具箱中的矩形工具，移动鼠标至文件编辑窗口，在窗口页面的左上角单击鼠标左键并向右下角拖曳，绘制一个与页面一样大小的矩形，调整圆心的位置，如图 13-29 所示。

Step 04 选取工具箱中的钢笔工具，在工具属性栏中"填色"设置为"黑色"，"描边"设置为"无"，在文件编辑窗口中绘制的矩形上绘制一个闭合路径，如图 13-30 所示。

图 13-29　绘制矩形　　　　　　　　　　图 13-30　绘制闭合路径

Step 05 保持绘制的闭合路径处于选中状态，单击"效果"|"像素化"|"铜版雕刻"命令，弹出"铜版雕刻"对话框，如图 13-31 所示，单击"类型"右侧的下拉按钮，在弹出的下拉选项选择"精细点"。

Step 06 单击"确定"按钮，即可设置像素化效果，如图 13-32 所示。

平面设计综合教程

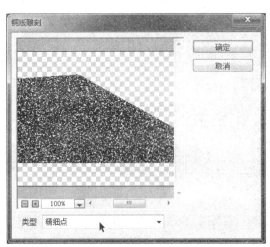

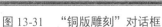

图 13-31 "铜版雕刻"对话框　　　　图 13-32　像素化效果

▶ 专家指点

"铜版雕刻"滤镜的工作原理是：用点、线条或笔画重新生成图像，将图像转换为全饱和度颜色下的随机图案。

Step 07 保持使用滤镜效果的图形处于选中状态，在工具属性栏中设置"不透明度"为 10%，得到图 13-33 所示的效果。

Step 08 选取工具箱中的矩形工具，在"渐变"面板中，"类型"设置为"线性"，"角度"设置为 -90°，渐变矩形条下方渐变滑块色标的颜色分别为"黄色"（#F7AF00）和"黑色"（#000000），如图 13-34 所示。

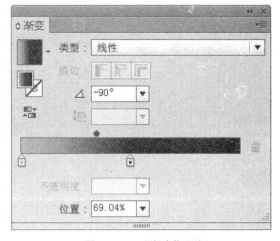

图 13-33　图形效果　　　　　　图 13-34　"渐变"面板

Step 09 在文件编辑窗口中单击鼠标左键并拖曳，绘制一个矩形，如图 13-35 所示。

Step 10 选取工具箱中的直接选择工具，在文件编辑窗口中选择矩形右上角的锚点，按住【Shift】
键的同时按键盘上的【↓】键，移动该锚点的位置，如图 13-36 所示。

图 13-35　绘制矩形

图 13-36　改变锚点位置

Step 11 选取工具箱中的矩形工具，在工具属性栏中，"填色"设置为淡黄色（CMYK 的参考值
分别为 0、0、10、0），"描边"设置为无，如图 13-37 所示。

Step 12 在文件编辑窗口中绘制一个矩形，如图 13-38 所示。

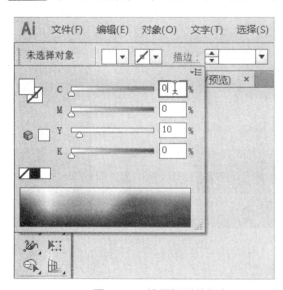

图 13-37　设置矩形的颜色

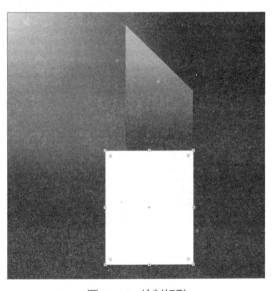

图 13-38　绘制矩形

Step 13 用与上同样的方法，移动锚点位置，得到图 13-39 所示的效果。

Step 14 保持绘制的图形处于选中状态，单击"效果"|"风格化"|"投影"命令，弹出"投影"
对话框，如图 13-40 所示，设置"不透明度"为 37%、"X 位移"为 0 cm、"Y 位移"
为 − 0.3 cm。

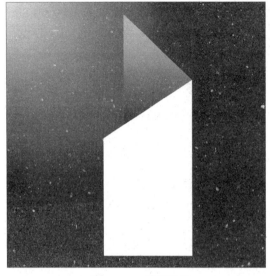

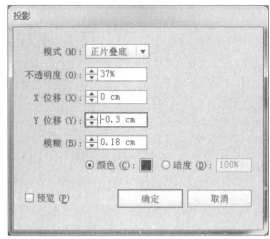

图 13-39　图形效果　　　　　　　　　　图 13-40　"投影"对话框

Step **15** 单击"确定"按钮，即可将选中的图形添加投影效果，如图 13-41 所示。

Step **16** 用上述同样的方法绘制其他的矩形，移动锚点位置并添加投影，设置其颜色，得到图 13-42
所示的效果。

图 13-41　添加投影　　　　　　　　　　图 13-42　图形效果

Step **17** 打开"标志.ai"素材图像（素材\第 13 章\标志.ai），如图 13-43 所示，选择该图像，单击
"编辑" |"复制"命令，复制选择的图形。

Step **18** 确认"皇家酒店"文件为当前工作文件，单击"编辑" |"粘贴"命令，粘贴复制的图形，
调整其位置和大小，得到图 13-44 所示的效果。

图 13-43　打开素材图像　　　　　　　　　　图 13-44　粘贴标识

13.2.2　编排 DM 广告的文字元素

编排 DM 广告文字元素的具体步骤如下所述。

Step 01 选取工具箱中的直线段工具，在工具属性栏中"描边"设置为"黑色"，"描边粗细"设置为 0.353 mm，在文件编辑窗口中标识的下方绘制一条直线，如图 13-45 所示。

Step 02 保持绘制的直线处于选中状态，按【Ctrl + C】组合键，复制选择的图形，按【Ctrl + V】组合键，将复制的图形粘贴在原图形前面，按键盘上【↓】键，移动直线位置，在工具属性栏中设置"描边"为"灰色"（CMYK 的参考值分别为 0、0、0、49），效果如图 13-46 所示。

图 13-45　绘制直线　　　　　　　　　　　图 13-46　复制直线

Step 03 选取工具箱中的文字工具，在工具属性栏中"填色"设置为"橙红色"（#C33A1E），"字体"设置为"创艺简标宋"，"字号"设置为 12pt，在文件编辑窗口绘制的直线下方输入文字"皇家酒店"，如图 13-47 所示。

Step 04 在工具属性栏中，"填色"设置为"黑色"，"字号"设置为 7pt，其他参数不变，在文件编辑窗口中绘制的直线上方输入英文 IMPERIAIL HOTEL，如图 13-48 所示。

图 13-47 输入文字

图 13-48 输入英文

Step 05 运用文字工具，在文件编辑窗口中选择英文中的字母 I，在工具属性栏中设置"字号"为 9pt，得到图 13-49 所示的效果。

Step 06 用同样的方法设置字母 H 的字号，效果如图 13-50 所示。

图 13-49 改变字号

图 13-50 文字效果

Step 07 用同样的方法输入其他的文字，设置其各自的颜色、字体和字号，效果如图 13-51 所示。

Step 08 选取工具箱中的矩形工具，在工具属性栏中"填色"设置为"黑色"，"描边"设置为"无"，在文件编辑窗口中绘制一个正方形，如图 13-52 所示。

图 13-51　输入文字

图 13-52　绘制正方形

Step 09 用同样的方法绘制其他的正方形，并调整其位置，效果如图 13-53 所示。

Step 10 选取工具箱中的选择工具，在文件编辑窗口中按住【Shift】键的同时依次选择图 13-54 中的图形。

图 13-53　图形效果

图 13-54　选择图形

Step 11 连续按 7 次【Ctrl + [】组合键，将选择的图形后移，效果如图 13-55 所示。

Step 12 按【Ctrl + A】组合键，选择全部图形，选取工具箱中的选择工具，在文件编辑窗口中按住【Shift】键的同时单击背景图形和添加滤镜的图形，取消对其的选择，如图 13-56 所示，即选择 DM 广告的全部图形。

图 13-55　图形后移

图 13-56　选择图形

Step 13 按【Ctrl + G】组合键，将选择的图形进行编组，单击"对象"|"变换"|"对称"命令，在弹出的"镜像"对话框中选中"水平"单选按钮，单击"复制"按钮，水平复制选择的图形，调整其位置，效果如图 13-57 所示。

Step 14 选取工具箱中的矩形工具，在文件编辑窗口中绘制一个与页面相同大小的矩形，如图 13-58 所示。

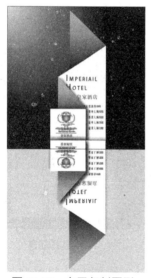

图 13-57　水平复制图形

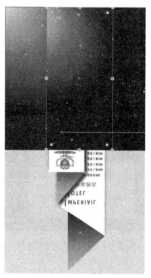

图 13-58　绘制矩形

Step 15 保持绘制的矩形处于选中状态，选取工具箱中的选择工具，在文件编辑窗口中按住【Shift】键的同时选择水平复制的图形，单击"对象"|"剪切蒙版"|"建立"命令，创建剪切蒙版，得到图 13-59 所示的效果。

Step 16 选择创建剪切蒙版的图形，在工具属性栏中设置"不透明度"为 50%，得到图 13-60 所示的效果。

图 13-59　创建剪切蒙版　　　　　　　　图 13-60　最终效果

13.3　CorelDRAW 案例：雅志汽车广告设计

商业广告是平面设计中不可或缺的一部分，它是根据产品的内容进行总体的设计工作，是一项具有艺术性和商业性的设计。成功的商业广告在传递商品信息的同时，还给人以美的艺术享受，能提高商品的竞争力。

本实例的最终效果如图 13-61 所示。

图 13-61　雅志汽车广告设计

13.3.1　制作雅志汽车主体广告效果

制作雅志汽车主体广告效果的具体操作步骤如下所述。

Step 01 单击"文件"|"新建"命令，新建一个空白页面，在属性栏上设置页面为"横向"，"页面度量"设置为 66.0 cm 和 22.0 cm，如图 13-62 所示。

Step 02 在页面中的标尺上单击鼠标右键，在弹出的快捷菜单中选择"辅助线设置"选项，在泊坞窗中设置"水平"选项，下方的文本中输入－0.300 cm，单击"添加"按钮，添加水平辅助线，如图 13-63 所示。用同样的方法，添加其他的水平辅助线。

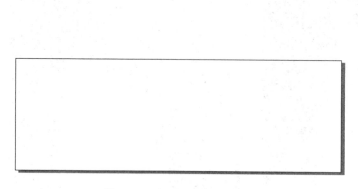

图 13-62　设置页面大小　　　　　　　　图 13-63　设置水平辅助线参数

Step 03 选取工具箱中的矩形工具，在页面中依照辅助线，绘制一个相应大小的矩形，适当调整其位置，如图 13-64 所示。

Step 04 按住【＋】键，再按住鼠标左键拖动复制两个矩形，移动到适当位置处调整其大小，如图 13-65 所示。

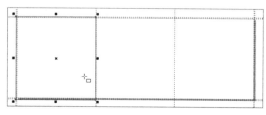
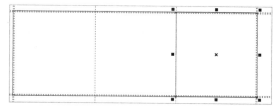

图 13-64　绘制矩形　　　　　　　　　　图 13-65　复制并调整矩形

Step 05 选中右边的矩形，选取工具箱中的渐变填充工具，在"对象属性"泊坞窗中设置"旋转"为 －90.6°、0%位置为黑色（CMYK 参考值分别为 99、96、54、18）、14%位置为普蓝色（CMYK 参考值分别为 94、73、30、10）、40%位置为蓝色（CMYK 参考值分别为91、45、3、0）、66%位置为淡蓝色（CMYK 参考值分别为 16、7、4、0）、85%和 100%位置为白色（CMYK 参考值均为 0），效果如图 13-66 所示。

Step 06 单击标准工具箱中的"导入"按钮，导入"汽车 1.psd"素材图像（素材\第 13 章\汽车 1.psd），在工具属性栏上单击"水平镜像"按钮，水平镜像图像，并调整至合适大小及位置，如图 13-67 所示。

图 13-66　渐变填充效果　　　　　　　　图 13-67　水平镜像汽车素材

Step 07 选取工具箱中的透明度工具，在页面中心上单击并向上拖曳鼠标，进行透明化处理，如图 12-68 所示。

Step 08 用鼠标左键拖曳调色板中的"黑色"色块，至页面中透明渐变条上的虚线上释放鼠标，编辑透明效果，如图 13-69 所示。

图 13-68 进行透明化处理　　　　图 13-69 编辑透明效果

Step 09 按【Ctrl + I】组合键，导入素材图像（素材\第 13 章\月亮.psd），并调整至合适的大小及位置，如图 13-70 所示。

Step 10 选取工具箱中的阴影工具，在其属性栏中设置"预设列表"为"大型辉光"，"阴影的不透明"设置为 80，"阴影羽化"设置为 30，"阴影羽化方向"设置为"向外"，"阴影颜色"设置为青色（CMYK 参考值分别为 100、20、0、0），"合并模式"设置为"乘"，效果如图 13-71 所示。

 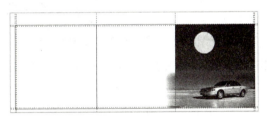

图 13-70 导入素材　　　　图 13-71 添加阴影效果

Step 11 选取工具箱中的文本工具，在其属性栏中设置"字体"为"方正大黑简体"，"字体大小"设置为 48.5pt，在页面中的右上角处输入文字，在调色板中单击"白色"色块，更改文字颜色，效果如图 13-72 所示。

Step 12 运用文本工具，在页面底部单击，确认插入点，其属性栏中设置"字体"为"黑体"，"字体大小"设置为 13pt，输入文字，在调色板中的"蓝色"色块上单击，更改文字颜色，打开"对象属性"对话框，在"字符"选项卡中设置"轮廓宽度"为 0.5 mm，"轮廓颜色"设置为白色（CMYK 参考值均为 0），更改文字轮廓属性，效果如图 13-73 所示。

Step 13 运用选择工具，选中页面中间的矩形图像，再选取工具箱中的交互式填充工具，在其属性栏上单击"渐变填充"按钮，再单击"复制填充"按钮，此时鼠标指针变成黑色的箭头，单击页面右边的矩形，复制渐变填充效果，如图 13-74 所示。

Step**14** 按【Ctrl + I】组合键，导入"汽车 2.psd"素材图像，并调整至页面的合适大小及位置，
如图 13-75 所示。

图 13-72　输入文字　　　　　　　　　　　　　图 13-73　输入并设置文字属性

图 13-74　复制渐变填充效果　　　　　　　　　图 13-75　导入汽车 2 素材图像

Step**15** 选取工具箱中的透明度工具，在其属性栏上单击"渐变透明度"按钮，再单击"复制透
明度"按钮，此时鼠标指针变成黑色的箭头，单击页面上右边的汽车图形复制效果，如
图 13-76 所示。

Step**16** 选取工具箱中的文本工具，在页面的合适位置单击，确认插入点，在其属性栏中设置"字
体"为"华文行楷"，"字体大小"设置为 50pt，单击"竖排文本"按钮，输入文字，
在调色板中单击"白色"色块，更改文字颜色，效果如图 13-77 所示。

图 13-76　复制渐变透明化效果　　　　　　　　图 13-77　输入垂直文字效果

Step 17 选取工具箱中的文本工具，在页面中的合适位置单击并拖曳鼠标，绘制出一个文本框，在其属性栏中设置"字体"为"华文行楷"，"字体大小"设置为 20pt，单击"竖排文本"按钮，输入文字，效果如图 13-78 所示。

图 13-78　段落文本效果

13.3.2　制作雅志汽车背面广告效果

制作雅志汽车背面广告效果的具体操作步骤如下所述。

Step 01 运用选择工具，选择左边的矩形，选取工具箱中的交互式填充工具，在其属性栏中设置"填充类型"为"标准填充"，"颜色模型"设置为 CMYK、设置 CMYK 分别为 0、0、0、15，进行单色填充，效果如图 13-79 所示。

Step 02 单击"文件"|"导入"命令，导入企业标识（素材\第 13 章\汽车标志.psd），并调整至合适大小及位置，效果如图 13-80 所示。

图 13-79　填充颜色

图 13-80　导入企业标识

Step 03 选取工具箱中的矩形工具，在其属性栏上设置 4 个"转角半径"均为 1.5 cm，在绘图页面中的合适位置绘制一个圆角矩形，如图 13-81 所示。

Step 04 打开"对象属性"泊坞窗，设置"轮廓宽度"为 0.35mm，"轮廓颜色"设置为黑色（CMYK 值均为 100），单击"线条样式"下拉按钮，编辑轮廓线的样式，如图 13-82 所示。

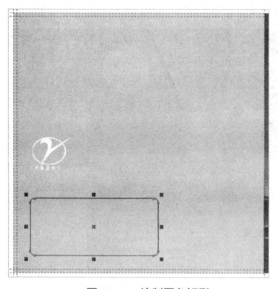

图 13-81　绘制圆角矩形

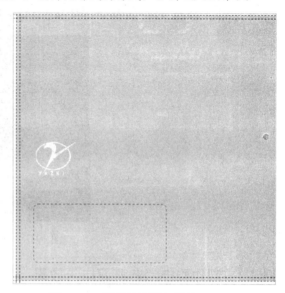

图 13-82　更改轮廓线的属性

Step 05 选取工具箱中的文本工具，在页面的左上角处单击确认插入点，在其属性栏中设置"字体"为"黑体"，"字体大小"设置为 32pt，输入文字，设置文字的"颜色"为黑色（CMYK 参考值均为 100），效果如图 13-83 所示。

Step 06 用与上同样的方法，输入其他的文字，设置好字体、字号、颜色及位置，效果如图 13-84 所示。

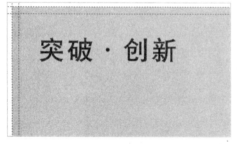

图 13-83　输入文字

图 13-84　最终效果

本章小结

　　本章首先介绍了运用 Photoshop 设计摄影书籍详情页，然后介绍了运用 Illustrator 设计皇家酒店 DM 广告效果，最后介绍了运用 CorelDRAW 设计汽车广告的效果。通过对实例的操作，加深用户对 3 款平面设计软件主要功能的熟悉和运用程度，同时帮助用户将各章内容融会贯通，达到举一反三的目的，从而制作出更多的优秀作品。